短针环形钩织

36 款串珠口金包和小物件

〔日〕松本薰　著
陈　新　译

河南科学技术出版社
· 郑州 ·

引言

串珠口金包，只需稍微变化串珠的颜色和大小、搭配线的颜色以及花样等，就能制作出各式各样的作品。与其单看串珠或是单看线，不如把它们搭配起来钩织看看，或许能创造出意想不到的作品。同时，钩织过程也会让你无比开心。

如今，无论是串珠还是线，都有很多种颜色。让我们享受各种各样组合的乐趣，来制作出只属于自己的宝贝吧!

松本薰

目录

双色串珠口金包

多色串珠口金包

串珠小物品

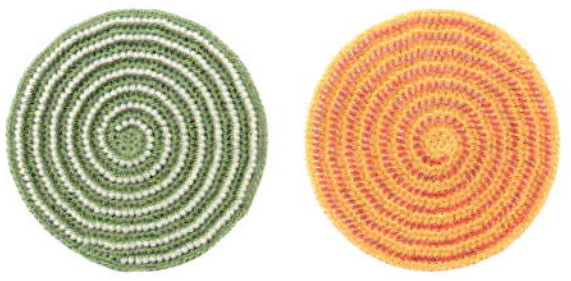

单色串珠口金包

一根线上穿一种颜色的串珠，用短针一圈圈地钩织下去。
用珠子描绘出花样，注意别错过了加串珠的时机哟。

1 水珠图案

DMC 8 号珠光棉线＋ MIYUKI 古董珠
钩织方法···p.65

2 条纹图案

DMC 8 号珠光棉线 + MIYUKI 古董珠

钩织方法…p.66

3 圆圈图案

DMC 8 号珠光棉线 + MIYUKI 古董珠

钩织方法…p.67

4、5 蕾丝花边风

4 DMC 10 号 Cébélia 线 + MIYUKI 古董珠 M
5 DMC 8 号珠光棉线 + MIYUKI 古董珠
钩织方法…p.68

5

6、7 | 叶状花样

6　DMC 10 号 BABYLO 线 + MIYUKI 古董珠 M
7　DMC 20 号 Cébélia 线 + MIYUKI 古董珠
钩织方法…p.69

7

8、9、10 | 珠光闪闪系列

8 DMC 8 号珠光棉线 + MIYUKI 古董珠
9 DMC 10 号 BABYLO 线 + MIYUKI 小圆珠
10 DMC 10 号 Cébélia 线 + MIYUKI 古董珠 M

钩织方法…p.70

11、12、13 皇冠图案

DMC 10 号 Cébelia 线 + MIYUKI 小圆珠

钩织方法…p.72

11

12
13

双色串珠口金包

两根线上分别穿不同颜色的串珠，用短针钩织出花样。
花样钩织部分的渡线都被包裹着，不露在外面。

14

14、15 嵌入式水珠图案

DMC 8 号珠光棉线 + MIYUKI 古董珠

钩织方法…p.73

15

16 棋盘格纹

DMC 10 号 Cébélia 线 + MIYUKI 古董珠 M

钩织方法…p.74

17、18 花朵图案

DMC 8 号珠光棉线 + MIYUKI 古董珠

钩织方法…p.76

17　18

多色串珠口金包

从花样的编织终点开始按顺序穿好串珠，一鼓作气地钩织下去。
不同的花色组合搭配，会产生不同的设计与造型。

19、20 多彩水珠图案

DMC 8 号珠光棉线 + MIYUKI 古董珠
钩织方法…p.60

21 菱形格纹

DMC 10 号 BABYLO 线、10 号 Cébélia 线 + MIYUKI 古董珠 M

钩织方法…p.61

22 水珠与瓢虫图案

〈部分串珠〉

DMC 20 号 Cébelia 线 + MIYUKI 古董珠

钩织方法…p.62

23 水珠与瓢虫图案

〈全部串珠〉

DMC 8 号珠光棉线 + MIYUKI 古董珠

钩织方法…p.63

24 小红花图案

DMC 10 号 BABYLO 线 + MIYUKI 古董珠 M

钩织方法…p.64

HITSCHLER
Softi cubes
Kaubonbon
Bonbon tendres
Chewy candy
HITSCHLER
Softi cubes
Kaubonbon
HITSCHLER
Softi cubes
Kaubonbon
Bonbon tendres
Chewy candy

钩织前的准备

[材料和工具]

尝试一下吧！首先我们要备齐必要的物品。下面介绍一下本书中串珠钩织所使用的材料和工具。

串珠

ⓐ MIYUKI 古董珠
外径约 1.6mm(11/0)
ⓑ MIYUKI 古董珠 M
外径约 2.2mm(10/0)
圆筒形玻璃串珠。形状均一，珠孔较大，线易通过，最适合串珠钩织的一种珠子。绚丽多彩是它的独特魅力。
ⓒ MIYUKI 小圆珠
外径约 2mm(11/0)
拥有柔和感的圆形面包圈状串珠。颜色有很多种，易使用，是一种最容易上手的基本款串珠。

串珠垫

绒毛长，有弹力，可以使串珠附在上面的垫子。串珠洒落在上面不会弹出或滚动，很容易将其找到并拾起，是非常实用的必备品。也可以用毛毡代替。

针

串珠针
大孔针
手缝针
穿珠子、处理线头、安装口金等，这些步骤都要用针。我们要根据不同的用途来选择相应的针。

线

DMC 珠光棉线 8 号
8 号刺绣用线。颜色变化多种多样，能够与串珠的各种颜色搭配，是这种刺绣线独有的特点。
DMC BABYLO 线 10 号、20 号
DMC Cébélia 线 10 号、20 号
富有光泽，色彩鲜艳，手感柔软，是一种无可挑剔的刺绣线。

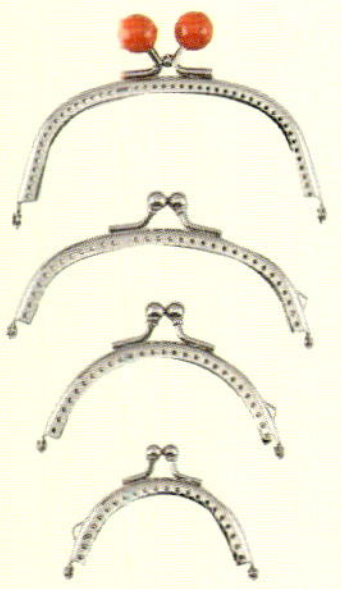

口金

本书所使用的是带有缝纫孔的缝纫型口金。
MIYUKI 10cm 梳形串珠孔口金。
TOKAI 宽 9cm、7.5cm、6cm 口金。

蕾丝钩针

根据线的粗细来选择合适的蕾丝钩针。本书中 8 号珠光棉线、20 号 BABYLO 线以及 20 号 Cébélia 线使用 4 号蕾丝钩针，10 号 BABYLO 线及 10 号 Cébélia 线使用 2 号蕾丝钩针。

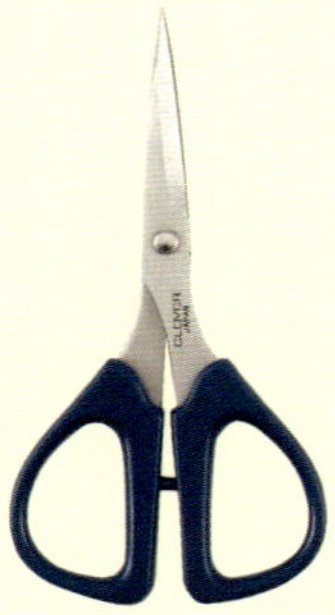

剪刀

串珠钩织时使用尖细锋利的手工剪刀较为方便。

[穿珠引线]

在“串珠钩织”开始之前，我们先来穿珠子吧！把一颗一颗小小的珠子，一边数着数一边穿到线上是非常辛苦的，一定要集中精力哟！是不是已经迫不及待了呢？来试试吧！

方法 1 ●使用大孔针

大孔针是一种正中有一个很大的孔、方便穿线的串珠针。

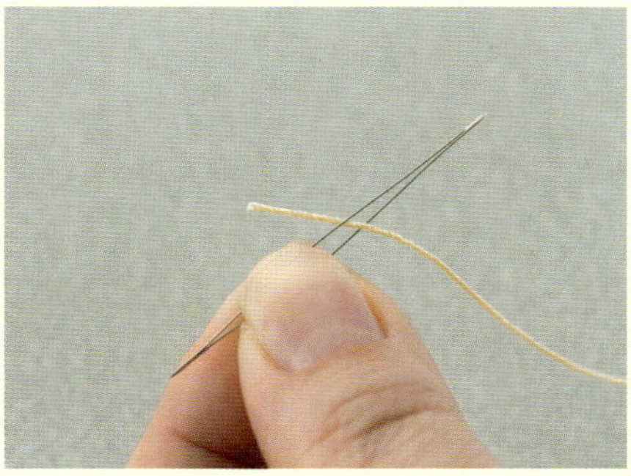

1. 打开针孔，把线穿进去。

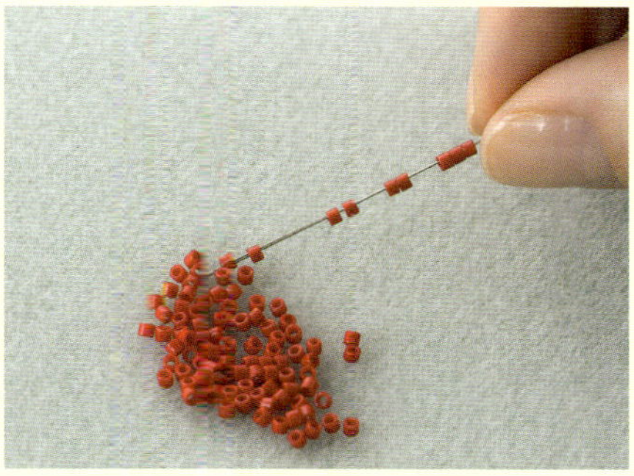

2. 从针尖开始穿珠子。

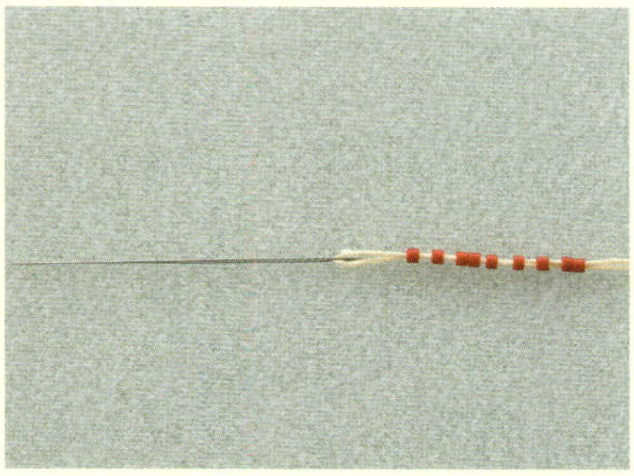

3. 把串珠从针上送到线上。

方法 2 ●使用串珠针和缝纫机用线

不用双股，而是使用单股线，穿那些不能同时穿过两股线的小孔串珠时，推荐使用这种方法。

1. 用剪刀的刀尖以刮掉的方式把线头剪下。

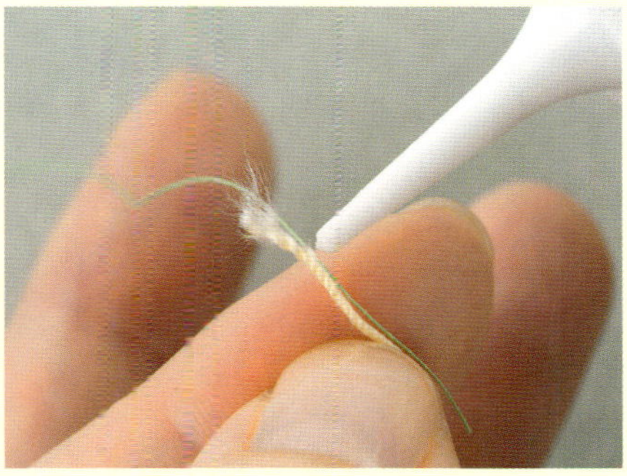

2. 把起毛的线头粘在缝纫机用线上。

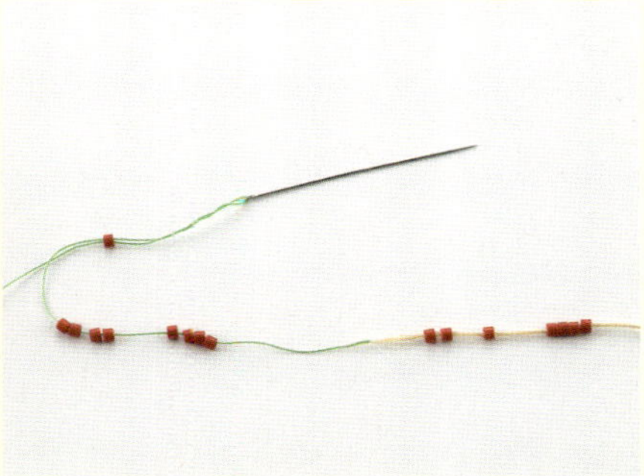

3. 把缝纫机用线穿入串珠针的针眼，然后穿珠子。

串珠钩织

[单色串珠钩织]

一根线上穿一种颜色的串珠，用短针的条纹针一圈圈地钩织下去。
按编织图上标示的位置织入串珠，钩织成花样。
因为串珠钩织时珠子是织在反面的，所以要把织物的反面当作正面来使用。

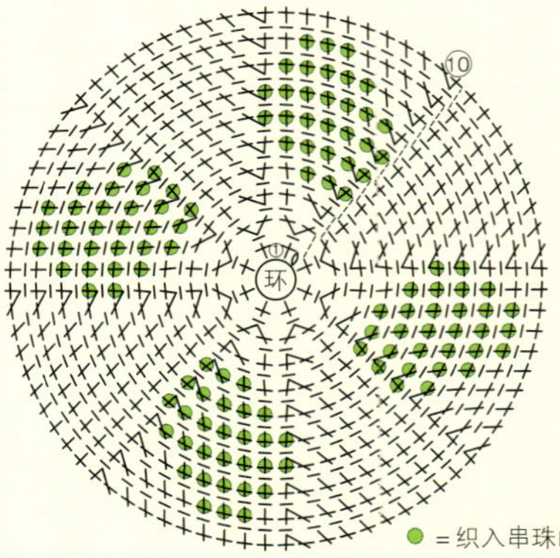

● = 织入串珠的位置

注意!
串珠的数量较多时，一般使用 2 ~ 3m 长的线，分批来穿。

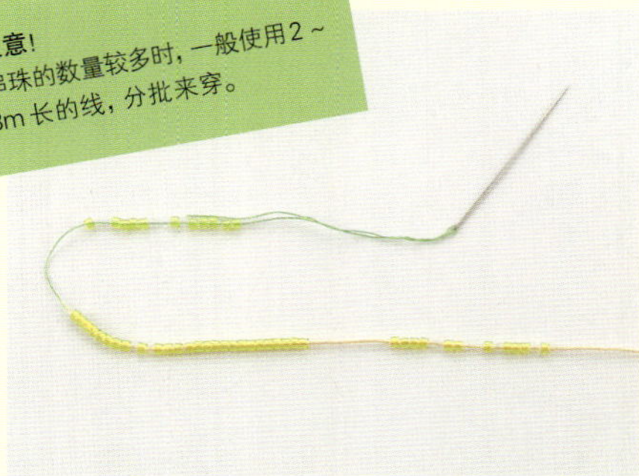

1. 把所需数目的串珠穿在线上。

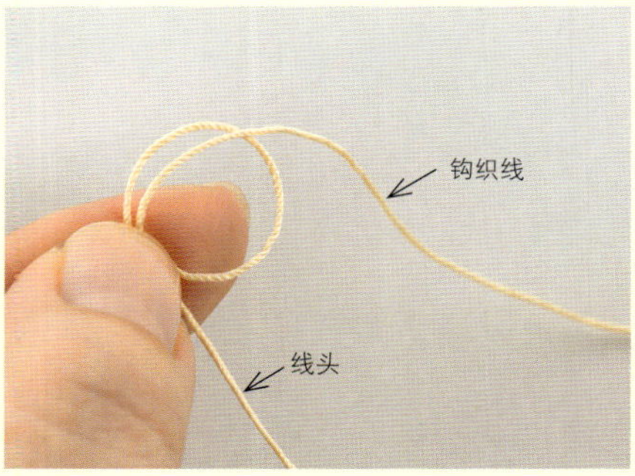

2. 线头绕圈，起针。

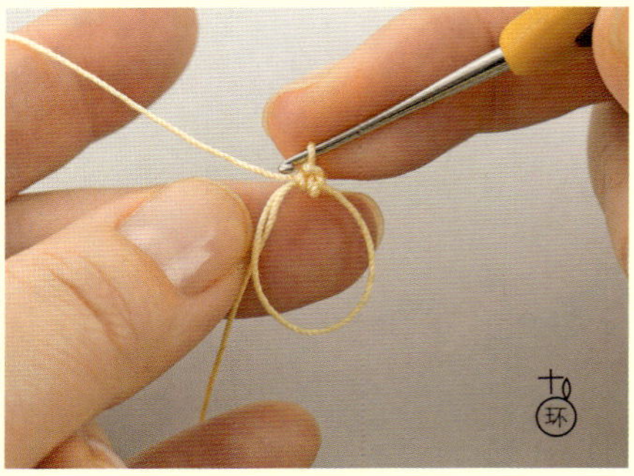

3. 从圈内钩线、拉出。钩织 1 针锁针作为立针，然后开始钩织短针。只有第 1 圈要钩织立起的锁针。

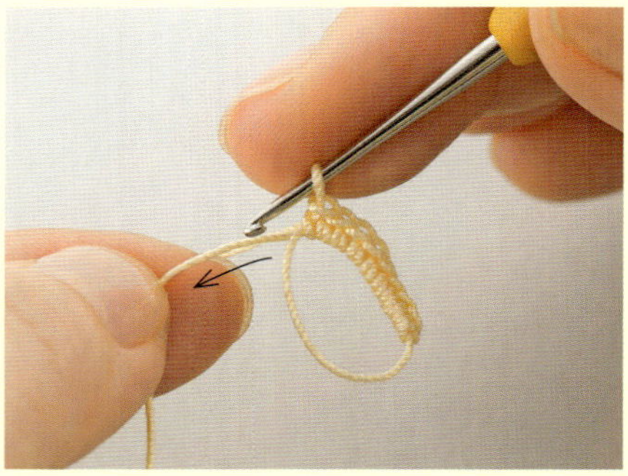

4. 完成 8 针短针，然后拉紧线头，环形起针完成。

5. 继续钩织第 2 圈。第 2 圈开始，要从上 1 圈外侧的半个针目内插入钩针，钩织短针的条纹针，注意把线头也带着钩进去。

6. 钩织第 2 圈时，在第 1 圈的每针内都钩织 2 针短针。

7. 第2圈完成，起针的线头则被包着钩织了1圈。

8. 把起针的线头放到织物的外侧，开始钩织第3圈。线头用来做圈与圈交界处的记号线。
※ 为了方便识别，图片中使用的是另色的线代替。

9. 第4圈开始加珠子。从上1圈外侧的半针内插入钩针，针上挂线后拉出，把珠子拨过来。

10. 把线挂在钩针上，引拔穿出挂在针上的2个线圈，下1针织入1颗串珠。

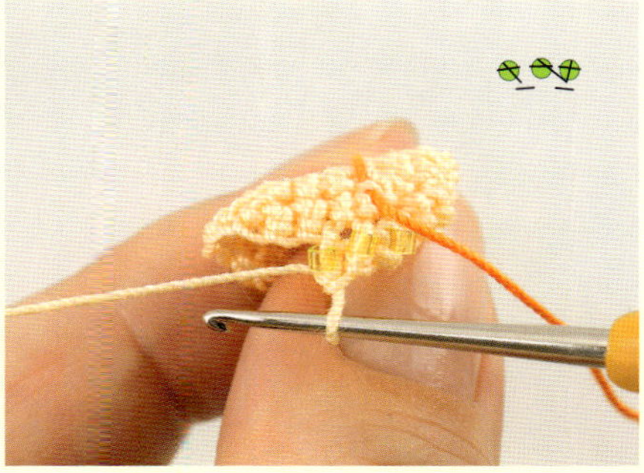

11. 按照相同的方法连续织入3颗串珠，串珠织在织物的反面。

12. 完成第4圈的钩织。

13. 图片显示的是织物的反面。4个地方各加3颗珠子。

14. 钩织完第10圈。注意记号线可以一针在织物的前面，一针在织物的后面，交替插入。

15. 图片显示的是织物的反面。用串珠钩织出了水珠的图案。

[双色串珠钩织]

2 根线（相同颜色或不同颜色）上分别穿不同颜色的 2 种串珠，按短针钩织的要领织入串珠。双色钩织的渡线被包裹着钩织，不露在外面。钩织的过程中虽然有一些可用的小窍门，但如果钩织错了的话只要拆掉就行了，钩织起来很轻松的哟。

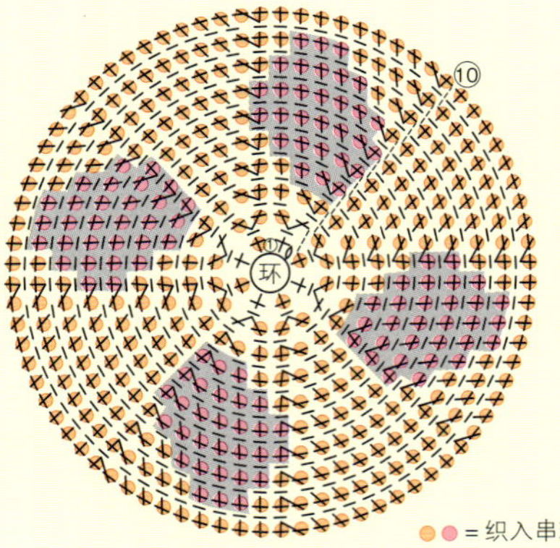

●● = 织入串珠的位置

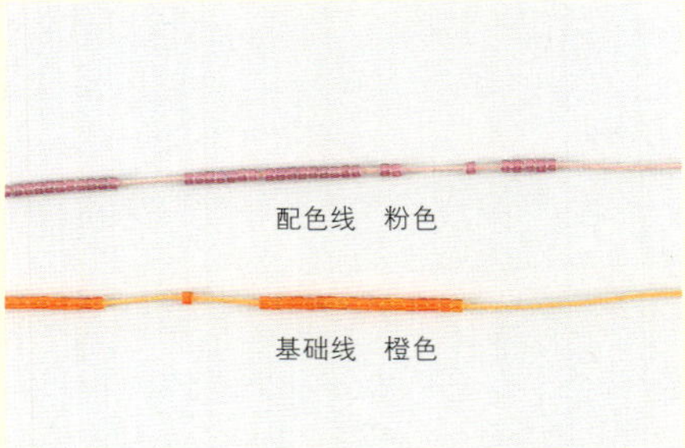

1. 在指定的线上穿好所需数目的串珠。串珠的数量较多时，一般使用 2 ~ 3m 长的线，分批来穿。

2. 橙色的基础线上穿橙色串珠，钩织 3 圈。如编织图上所示，第 1 圈和第 2 圈的 8 个位置不加串珠。

3. 第 4 圈加入粉色的配色线。橙色的基础线挂在钩针上，把粉色的配色线按箭头所示从第 1 个线圈内拉出来。

注意！包裹着基础线钩织出的短针高度与原来相比较高，所以钩织时注意把短针的针目拉紧，降低高度。

4. 用粉色的配色线钩织时织入粉色的串珠。

5. 用基础线钩织时包裹着配色线，相应地，用配色线钩织时包裹着基础线。

6. 钩织完第 10 圈。织物的反面用串珠织出了水珠的图案。

[多色串珠钩织]

把需要织入的串珠全部按照花样、图案的顺序穿在线上，然后开始钩织。串珠全都穿好后，一鼓作气地钩织下去吧！需要注意的是，串珠的顺序弄错的话，图案就不对了，一定要小心哟！

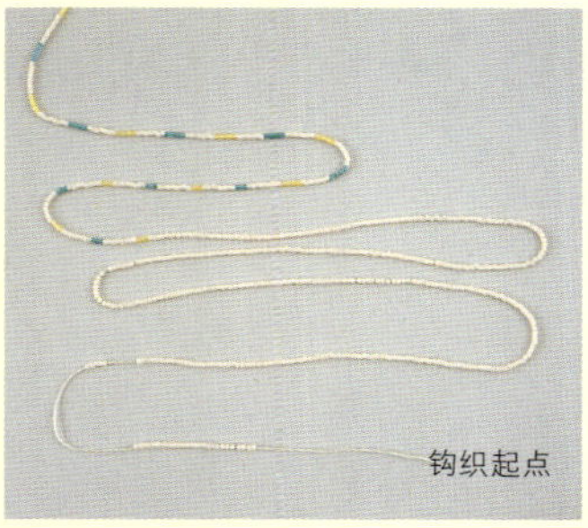

1. 从钩织结束（收针）的地方开始按顺序穿串珠。靠近线团的一端是钩织结束收针时的串珠，而线头的一端则是起针时所用的串珠。

2. 做环形起针，第 1 圈隔 1 针加 1 颗珠子，一共钩织 8 针。

3. 第 2 圈加针。按照"1 针不织入串珠，3 针织入 1 颗串珠"的方法重复钩织。第 3 圈开始每针都加串珠。

SOS 这个时候怎么办?

已经很小心地一针一针地钩织了，但是……
我们常常会遇到像串珠加多了或是没有加够等情况，这个时候该怎么办呢? 下面就来帮大家解决这些常见问题。决定拆掉织物之前，不妨试一下这些小窍门吧!

＊1针织入了2颗串珠

把多加的1颗串珠去除。

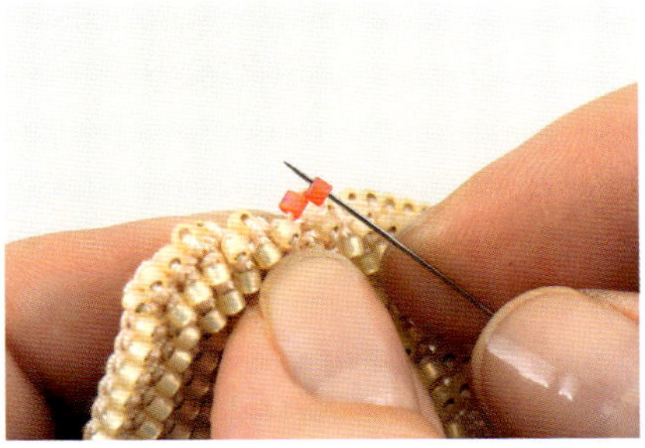

1. 把多加的1颗串珠去除。

注意!
串珠是用玻璃做的，破坏的时候小心，不要被碎片伤到!

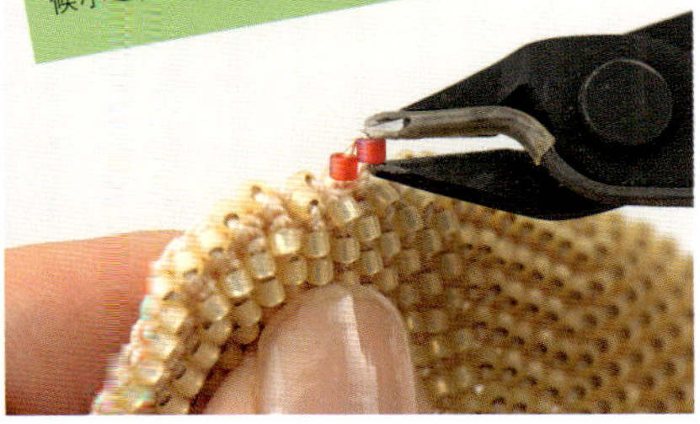

2. 按图上所示，用钳子夹着串珠，夹碎后取下来。注意不要把线弄坏。

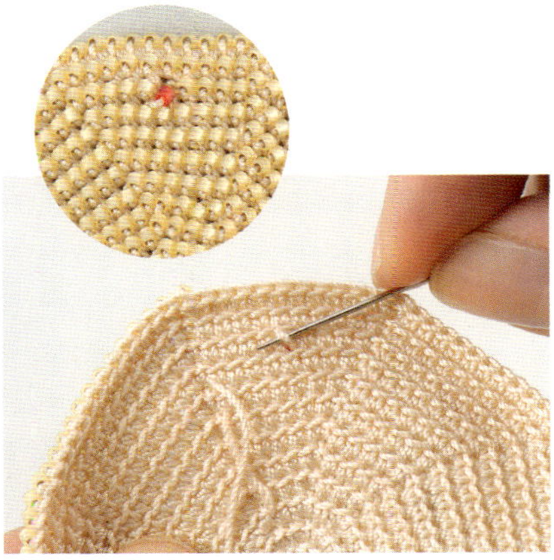

3. 多加的1颗串珠去掉了。把松弛的线往后拉紧一下，弄平整。

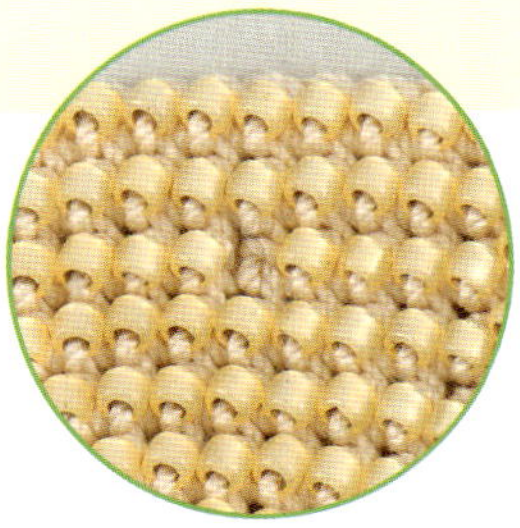

＊忘了加串珠

在忘记加串珠的位置上，把串珠补缀上去。
※为了方便辨认，图中钩织用线和串珠都换了颜色。在实际操作中，要使用原来的钩织线及串珠。

1. 从织物的反面入针，把针插在忘记加串珠的位置上。

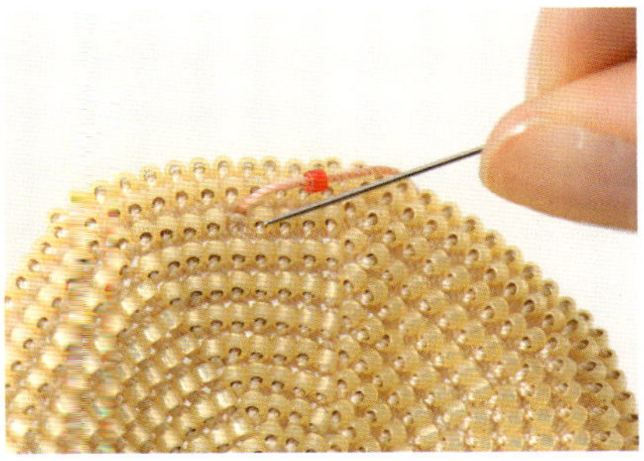

2. 把串珠穿在线上，与旁边的串珠并排摆放，再把线穿到织物反面去。

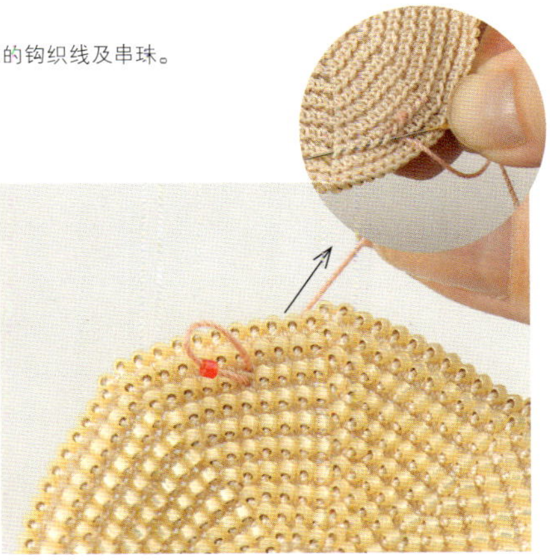

3. 在反面拉线并调整串珠的位置。把缝缀好串珠的线头穿到针目内部藏起来。

了解一下，关于串珠钩织〈基础篇〉

解答钩织过程中出现的“为什么这样做”“该怎么办”之类的疑问。

●编织图怎么看

一般情况下，一个作品的编织图是它正面的样子。而在串珠钩织中，珠子是钩织在织物的反面的，所以编织图画的是看不到串珠的那一面。作品如按照编织图所示来钩织，则需要把织物的反面当作正面来使用。因此，自己在设计花样的时候，如果是水珠图案、方形等左右对称的图案还好，但如果是想做出像字母这些文字以及有顺序限制的花样时，就需要在编织图上进行左右翻转。

●用“短针的条纹针”钩织

短针的条纹针，就是对前1圈的外侧半针挑线，钩织短针。一般的短针都是把前1圈针目的2根线一起挑起、入针的，和挑半针钩织出来的短针相比高度较低，钩织出来的织物比较紧实。像古董珠这样有一定高度的串珠如果用一般的短针钩织加进去，织出来后串珠之间没有空隙，满满的，织物没有可伸缩性。这样制作包的话，无论是在钩织还是完成的时候操作都很困难，使用起来也不方便。所以，考虑到串珠与针目大小的平衡，我们采用对半针挑线的短针的条纹针来钩织。

●起针的第1～2圈

起针后的第1～2圈并不是全部加串珠的，即使是织物上全部都要织入串珠的设计也是如此。第1圈是隔1针加1颗串珠，第2圈是“1针不加串珠，3针加入串珠”交互钩织的。这是因为起针的时候，中心的圆圈太小，串珠之间太挤的话容易陷进织物里去，所以第1～2圈不是每针都加串珠的。另外，钩织加针的时候串珠也容易过于密集，所以钩织的时候需要小心哟。

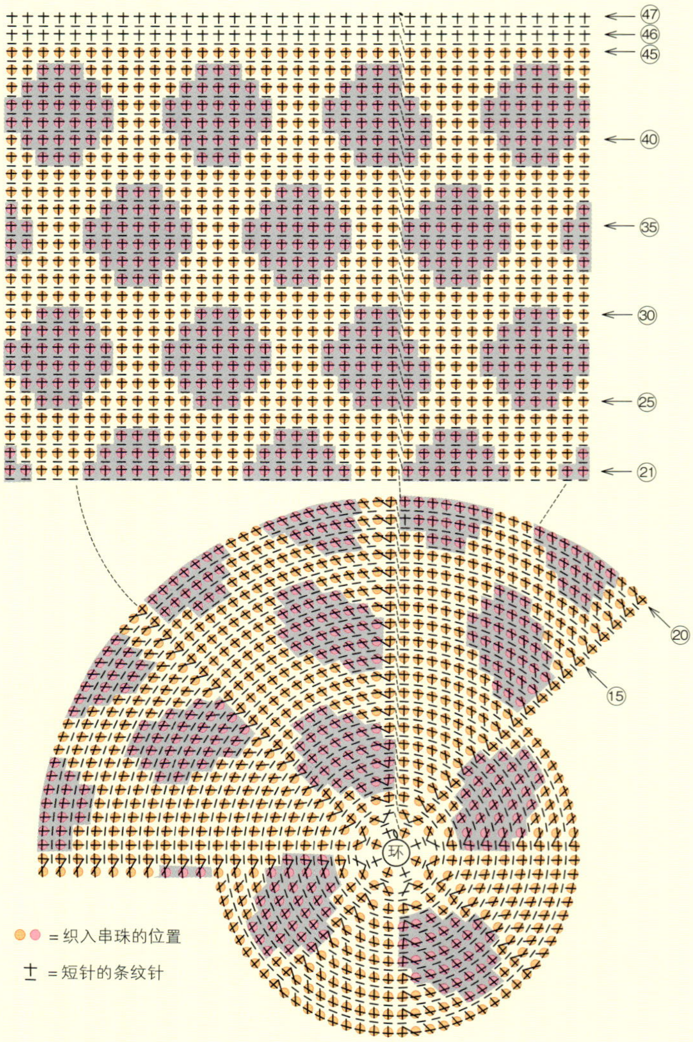

图片显示的是钩织面的样子。
串珠织在织物的反面，因此把反面当作正面使用。

●圈与圈交界处用记号线标记

作品从第 2 圈开始就可以一鼓作气一圈圈地钩织下去了。但是在钩织的过程中，常常找不到每一圈的第 1 针和最后 1 针的分界处。因此在开始钩织即起针时，留大约 20cm 长的线头，隔几圈就把线头夹进去，作为标记。直到钩织完最后 1 圈，把线头拉出来处理。如果留的线不够用，也可以用另线代替。但是由于在拉出预留的线时容易残留下一些线的纤维，所以推荐使用与钩织线同色的线。

●圈与圈交界处的花样

在一圈圈钩织的过程中，即使有 1 圈织错，每一圈的第 1 针和最后 1 针最后依然是连在一起的。由于花样是不断重复钩织的关系，当圈的交界处也织入花样的情况下，如果单纯地把 1 个花样反复钩织到该圈结束的话，那么在起针和收针交界处的花样就会有一个圈位差。因此，如右图所示那样，圈的收针处的花样要配合起针处，往前提 1 圈。这样就能钩织出来漂亮的花样，而不会出现花样不衔接的情况。

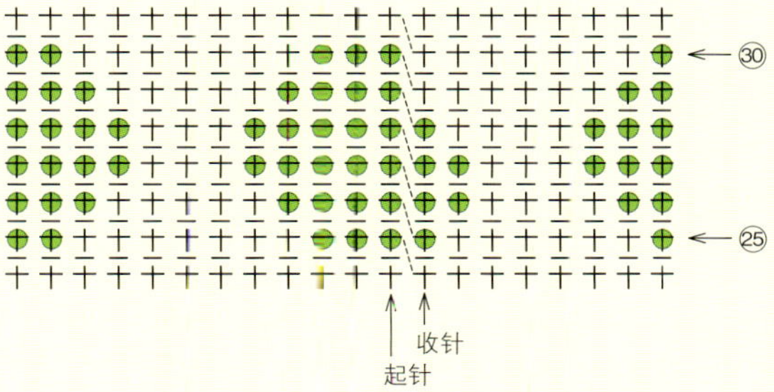

●钩织结束时的收针方法

※ 图片为了方便辨认，换了线头的颜色。

1. 把线头穿在手缝针上，把针插入起始针的第 2 针内。

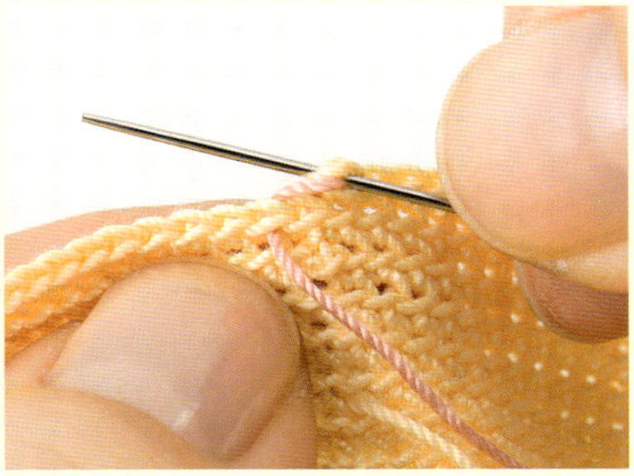

2. 把针插入收针的针目中，并拉出线。

3. 这样就缝好了与起始第 1 针重叠的 1 针，圈的分界处被连接上。

●线头的处理

把线头藏在条纹钩织后剩余的半针内，注意不要影响到有串珠的那一面。

缝制口金包

※ 图上为了方便辨认，使用的是颜色显眼的线。

[制作里袋]

包的主体钩织完后就进入了收尾阶段。考虑到包的耐久度和实用性，我们来给它加一个里袋吧。很简单的手缝操作，即使是不擅长缝纫的人也没关系哦。找一块喜欢的布，开开心心地开始制作吧！

材料工具

布(纸样大小 + 缝份)
纸样
画粉笔
手缝针
手缝线
珠针
裁缝剪刀

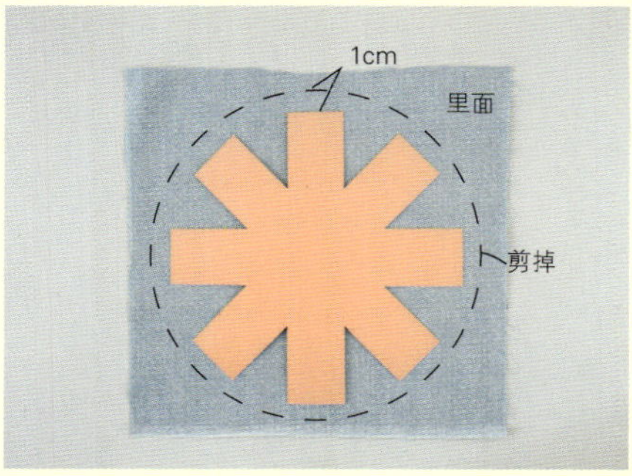

1. 在布上把纸样描下来，留大约1cm的缝份然后裁布。

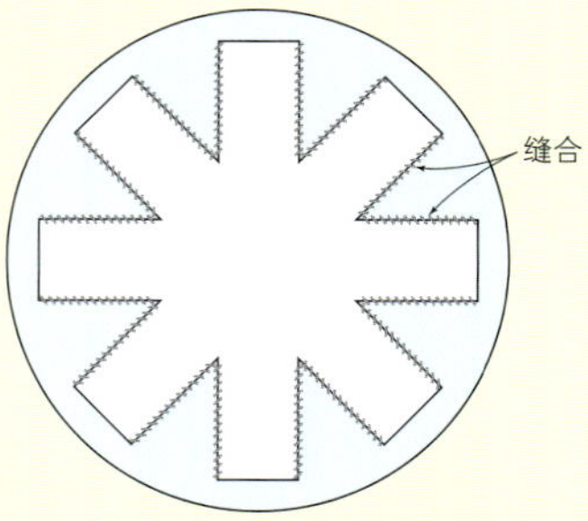

2 把相邻的侧面折在一起，缝合起来。

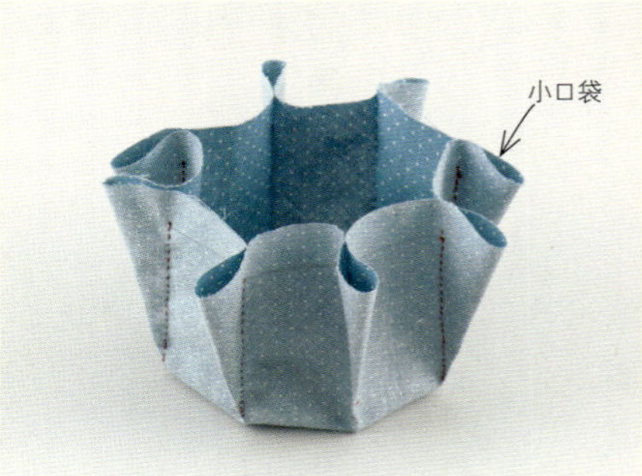

3. 把8个角缝完，外侧呈一个个的小口袋形状。

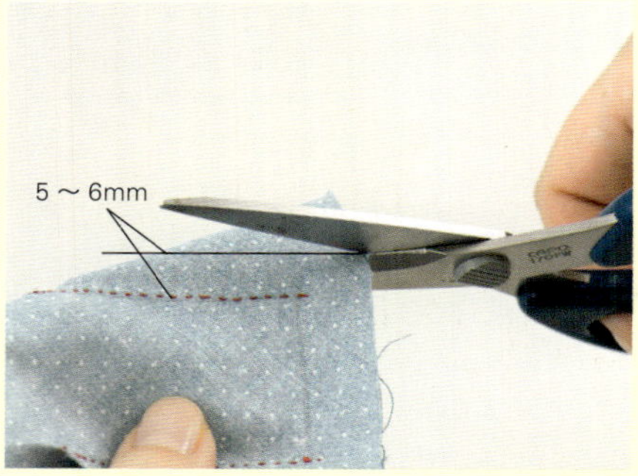

4. 从距离缝线5 ~ 6mm的地方剪掉小口袋。

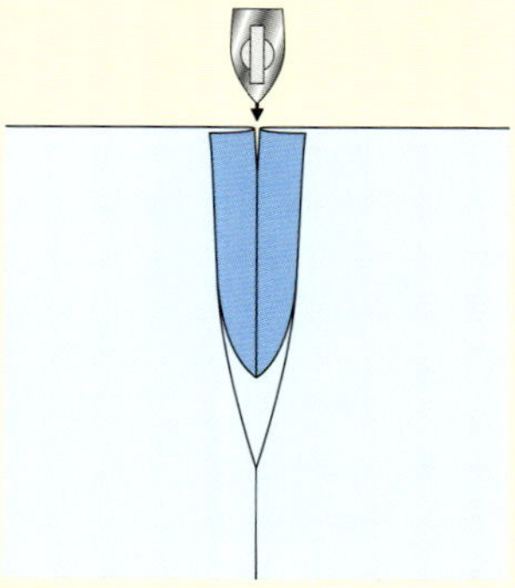

5. 把剪掉小口袋后的缝份向两侧分开，用熨斗熨平。

6. 8个切口全部打开了。布的表面变成了内侧。

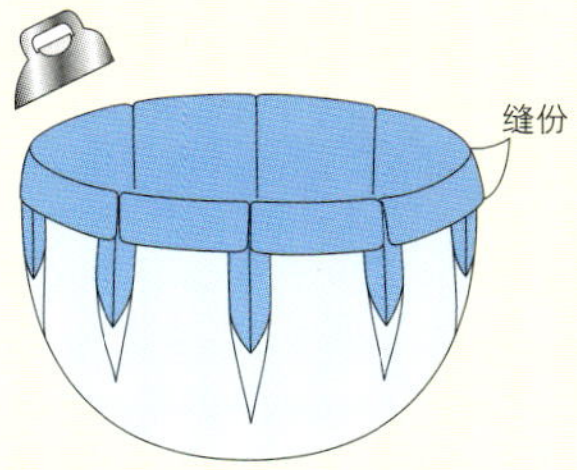

7. 把袋口的缝份向外侧折，用熨斗熨平。

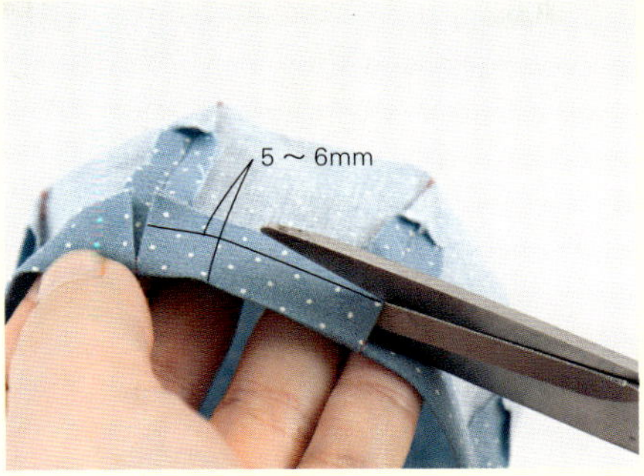

8. 在距离折痕5 ~ 6mm处减掉布边。

注意！
包主体的花样以及里袋都是由8个部分组成的，把主体1个部分的花样和里袋上针脚的位置对齐就好啦！

9. 把里袋的表面翻到外边来，包主体的反面翻到外侧，然后如图所示将它们合在一起，用珠针均匀地固定。

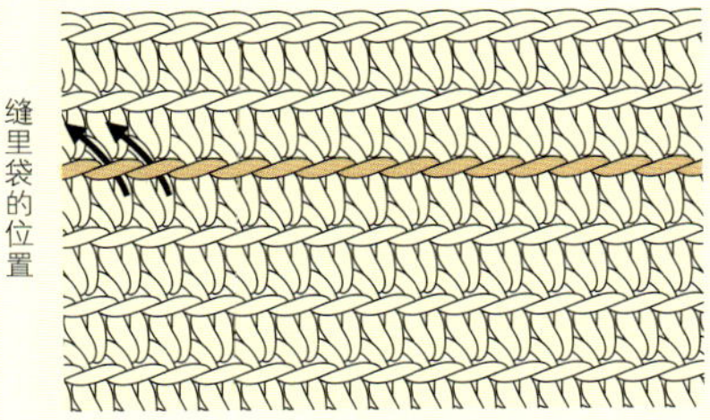

10. 图中显示的是要缝上里袋的包主体的反面。在主体缝边（2圈）下的条纹内入针，缝合里袋。

11. 按照卷针缝的要领在条纹上一针一针地缝合。

12. 快速缝完一圈。

SOS

与书上的成品尺寸不同怎么办？

纸样如下图所绘。包主体的深度（△）在纸样上多少改变一点是可以的，而缝上口金的剩余部分（★）以及口金的尺寸（○）是没法更改的。也就是说，当包主体的袋口部分的尺寸与书上的不相同时，里袋纸样的尺寸是改不成与袋口相适合的尺寸的。那是由于布质的里袋与织物相比没有可伸缩性，当改变纸样的尺寸后口金就会有不合适的缘故。所以，为了使包主体与里袋大小相适合，我们不妨好好利用钩织物的伸缩性，大了就把它紧缩小点，小了就把它拉伸大点吧！

包主体翻回到表面，
内侧已缝好里袋。

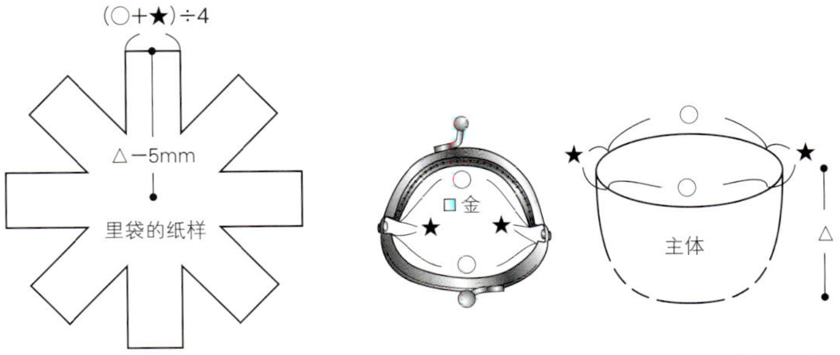

[安装口金]

给主体装好里袋后，接下来要安装口金。口金是夹着包口的缝边分两次来安装的。
本书使用的是缝制形口金。下面介绍一下使袋口附近鼓起来的安装方法（基本安装方法）以及平整形安装法。

※ 图上使用了易于辨认颜色的天蚕丝线。

材料工具

口金、3号天蚕丝线（强）、针、黏合剂

基本安装方法

为了使缝边的那两圈进入口金的里侧，口金与包主体的连接处要隆起。

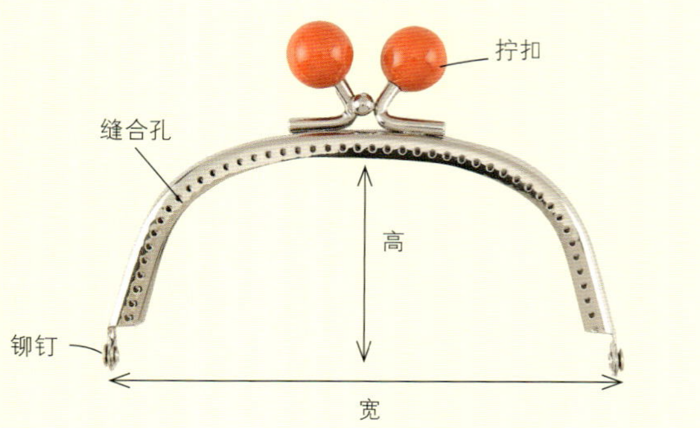

※ 虽然标记了要使用的口金的宽度，但是不同的厂家在尺寸上往往存在着差异。

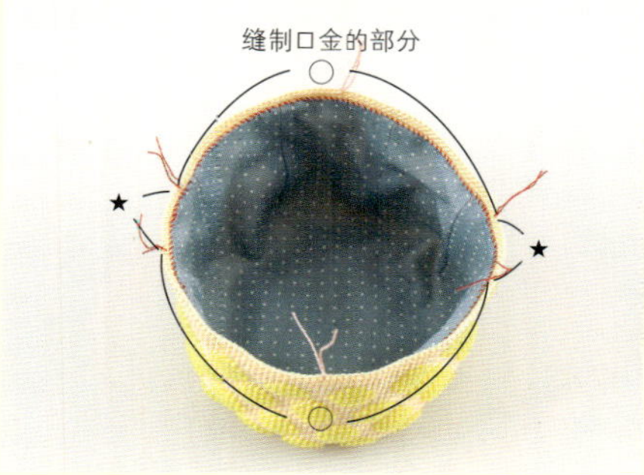

1. 缝上口金的部分（ ○ ）与不缝口金的部分（ ★ ）的交界处（红色线）以及包的中心处（粉色线）用不同颜色的记号线作为标记。

2. 把天蚕丝线穿入针上，如图所示，把针插入距离红色标记线1圈的条纹内，大约插入1cm长。

3. 返回3mm左右，打结。

4. 在步骤3打的结上涂抹黏合剂，固定。至此完成天蚕丝线线头的处理。

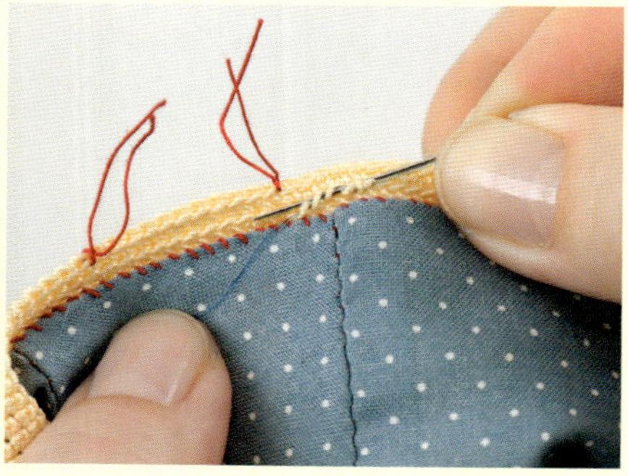

5. 回到红色记号线的位置，从这里开始缝口金。

6. 把口金放在前面，包主体放在后面，对齐合并。如图，从红色记号线的下2圈开始插针，插入口金最边缘的缝合孔内。

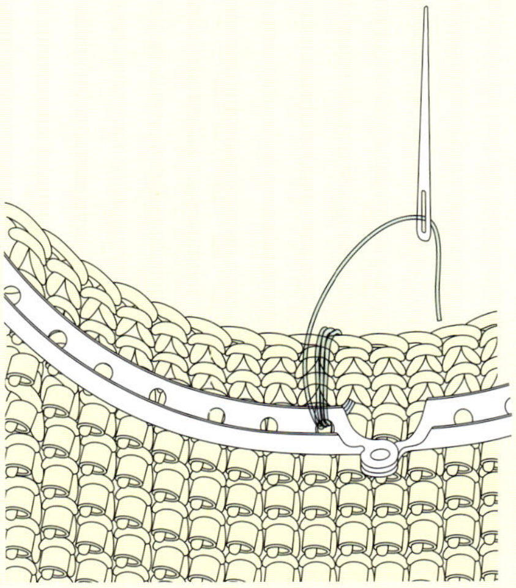

7. 在同一孔内来回缝2 ~ 3针固定，作为起针。

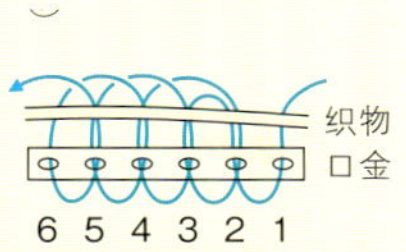

8. 针从口金上的缝纫孔1穿到2，再穿到3然后回到2，以此类推，按4→3→5→4→6……的顺序以及半回针缝的要领进行缝合。

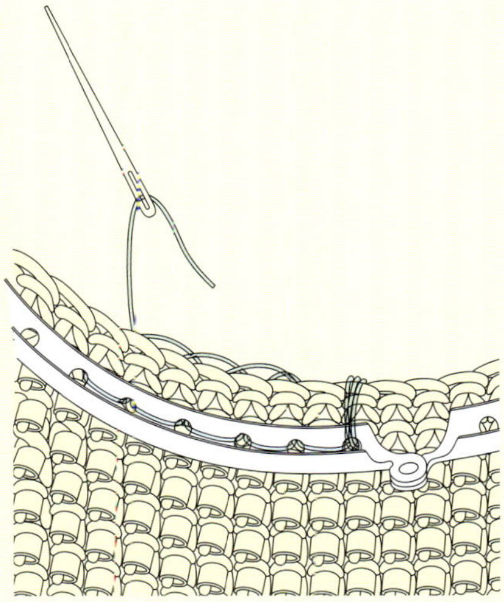

9. 把包主体的钩织针目均匀地拉伸调整一下，使口金上的缝合孔与主体中心相合。

注意！
由于天蚕丝线有张力，针脚容易变松。虽说如此但也不能每缝1针都拉得紧紧的，这样容易使线与口金上的缝合口摩擦，进而把线割断，所以要完成最后1针后再把针脚拉紧。

10. 袋口上的口金装好了。缝到口金中间的位置时，要检查一下有没有错位或是扭歪。

11. 从口金的起针开始，把缝到里侧的天蚕丝线拉紧。

12. 从一端开始把缝的天蚕丝线都拉紧后，口金与包主体就紧紧地缝合在一起了。

平整形安装方法
把口金与包主体的最后1圈缝合在一起的方法。不留缝边，口金与主体的交界处是平整的。

1. 挑起最后一圈即最上端一圈的条纹，按照基本方法的步骤1 ~ 4处理天蚕丝线线头。挑起最终圈开头的2根线，穿过针，在口金边端的第1个孔内缝2 ~ 3针来固定。

2. 把包主体放在前面，口金放在后面，对齐合并。如图所示把包主体缝合在口金的缝合孔内。

3. 缝的时候注意把包主体的钩织针目均匀地拉伸调整一下，使口金上的缝合孔与主体中心相合。

深入了解，关于串珠钩织〈应用篇〉

"想进一步了解""想要改编一下"或是"想试着自己创作"等，这些想法都是值得鼓励的，加油哦。

●串珠与线的关系

准备好喜欢的串珠和线，那么就可以开始行动啦！但是，这个时候才发现线穿不到串珠的孔里去……出现这样的情况就不好了。如果能穿进去的话还好，但是试着钩织一下又可能会有"花样变形""织入的串珠移动了""串珠的颜色搭配不对"等各种各样的问题出现。这些情况都与串珠的大小、线的粗细以及颜色的搭配有关。

A 蓝色（10 号 Cébélia 线 + 古董珠 M）
B 黄色（10 号 BABYLO 线 + 小圆珠）
C 粉色（8 号珠光棉线 + 古董珠）

关于线的粗细与串珠的大小

右上角的 3 个口金包，串珠的大小与形状各不相同，分别用与之相搭配的线钩织而成。串珠横、竖排列得整齐漂亮，钩织出来的针目大小与串珠也协调。另外，当线与串珠不协调时，串珠不能均匀地织进去，因此，也有可能会造成钩织出来的花样与图上画的不一样、有偏差的情况。下面举一个例子（右图）。

ⓐ（10 号 BABYLO 线 + 古董珠）
钩织出来的针目比串珠大，能够看到钩织的线。
ⓑ（8 号珠光棉线 + 古董珠 M）
ⓒ（8 号珠光棉线 + 小圆珠）
钩织出来的针目比串珠小，使得相邻的串珠挤在一起，表面不平整，织物本身也硬邦邦的。

ⓐ ⓑ ⓒ

关于线与串珠颜色搭配的效果

在串珠钩织中，线与串珠颜色一起搭配的效果，与单看串珠时的印象是不一样的。这是由于通过串珠的透明感和串珠之间的缝隙能看到线的颜色的缘故。本以为选了颜色漂亮的串珠，结果与线的颜色搭配后，看起来却显得暗沉了。或者恰恰相反，搭配后，意想不到变得更漂亮了。
这些情况都是有可能的。多尝试几次，找到自己喜欢的搭配吧！

柠檬色串珠 + 红色线…淡橙色系
柠檬色串珠 + 黄绿色线…黄色感强烈的绿色
柠檬色串珠 + 蓝色线…烟熏绿色
柠檬色串珠 + 本白色线…接近串珠本色的柠檬色
柠檬色串珠 + 黄色线…富有活力的黄色
柠檬色串珠（有透明度、无光泽）

●串珠小球

挂在系荷包的绳子上的小球。装在小挂件上也可以。

1. 先在线上穿好所需数量的串珠，然后钩织成球形。钩织好以后往里面塞入棉花。

2. 给手缝针穿好线，把针穿到钩织结束那一圈的外侧半针内。

3. 依次穿过每针，然后拉紧线头。要把小球固定在绳子上时，先把绳子打的结拉进球里面再系紧线头。

●用串珠缝制的叶状花样

使用可以穿过串珠的细针和柔软有弹力的线。

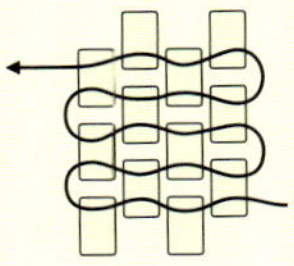

1. 留30cm左右的线头，开始制作。

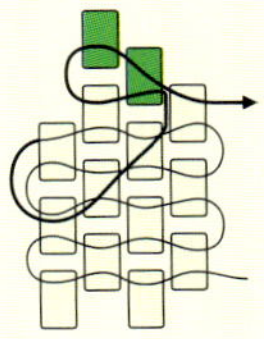

2. 把留的线反复穿过串珠。

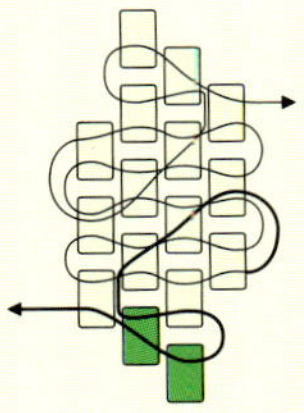

3. 下侧也一样。

叶状花样完成。
用缝缀的线将花样安装固定在作品上。

●把喜爱的小饰物做成挂件

只要小饰物上有可以穿小圆环或T形针的孔就可以。我们试着做一个独创的小挂件吧！

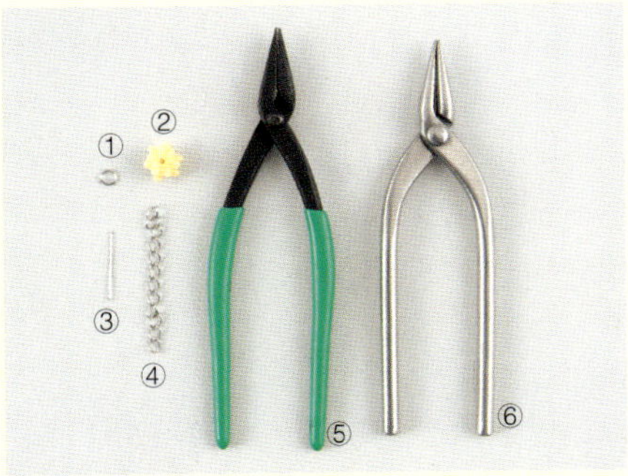

1. 准备物品：①龙虾扣、②小饰物（玻璃珠）、③T形针、④短链、⑤扁嘴钳、⑥圆嘴钳。

2. 把玻璃珠穿在T形针上，用扁嘴钳将T形针捏成直角，把弯的部分留下来，剩余的剪掉。然后用圆嘴钳把剪好的T形针的顶端捏成圆形。

3. 把龙虾扣展开，把步骤2中的物件和短链穿到上面，再把龙虾扣重新合住。然后用龙虾扣或者挂钩，把制作好的小饰品挂在带有圆孔的口金上，一件独创的小挂件制作完成！

串珠小物品

初次尝试串珠钩织就挑战包的话，是很有难度的。
我们不妨先来试一下不用安装口金的小织物吧！

25、26、27 | 小荷包

DMC 8 号珠光棉线 + MIYUKI 古董珠
钩织方法…25 格子 p.78、26 棋盘格纹 p.79、27 双色无纹 p.80

28 网眼花边杯垫

DMC 10 号 Cébélia 线 + MIYUKI 小圆珠

钩织方法…p.51

29 圈圈花样杯垫

DMC 10 号 Cébélia 线 + MIYUKI 古董珠 M
钩织方法…p.51

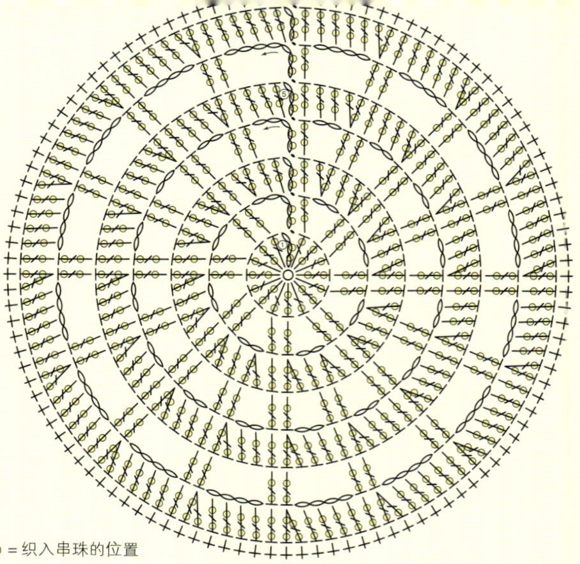

○ = 织入串珠的位置

用锁针和长针织入串珠

不只是短针可以织入串珠，锁针、长针等所有的针法都能够织入串珠。作品 28 就是使用长针钩织的，每 1 针织入 2 颗串珠，需要注意的是，在第 1 圈以及加针的位置上只织入 1 颗串珠。

※ 为了易于辨认，图上改变了线和串珠的颜色。

1. 做环形起针，钩织立起的锁针。拨入串珠之后再钩织 1 针锁针。

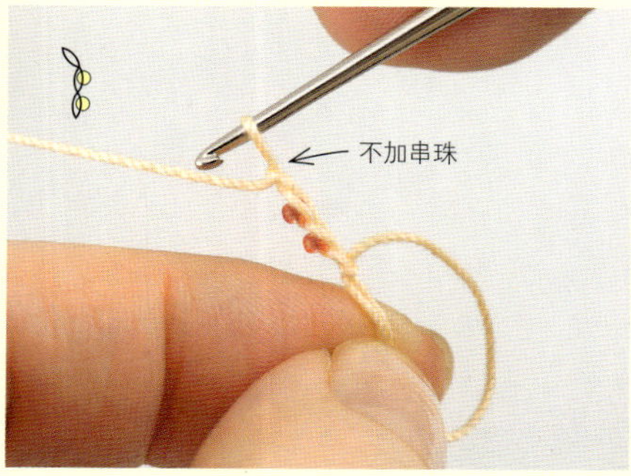

2. 第 2 针锁针也加串珠，第 3 针不加。

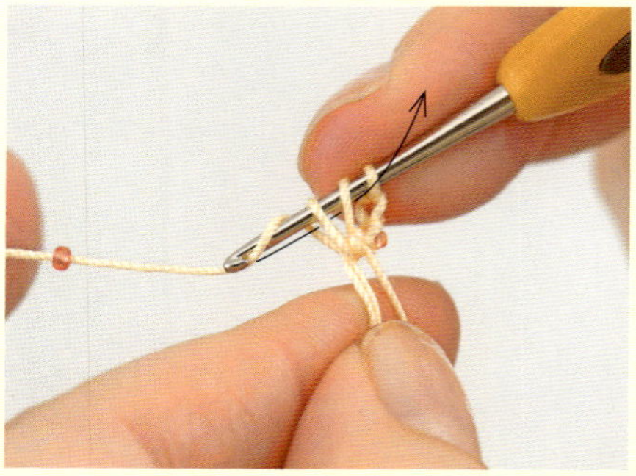

3. 钩织长针。把线绕在钩针上，如图所示一次从挂在钩针上的 2 个线圈中引拔出线。

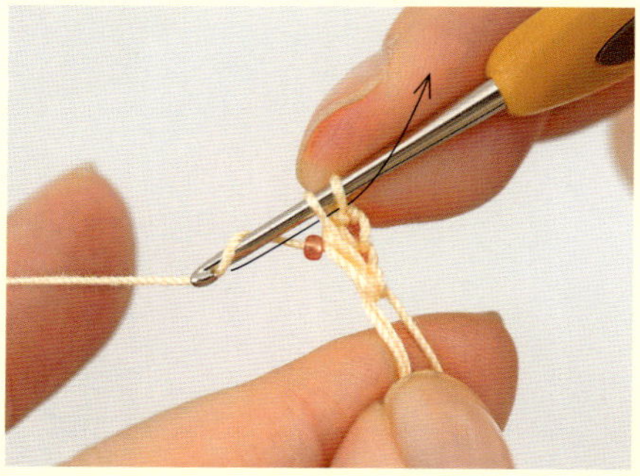

4. 拨入串珠，再一次从挂在钩针上的 2 个线圈中引拔出线。

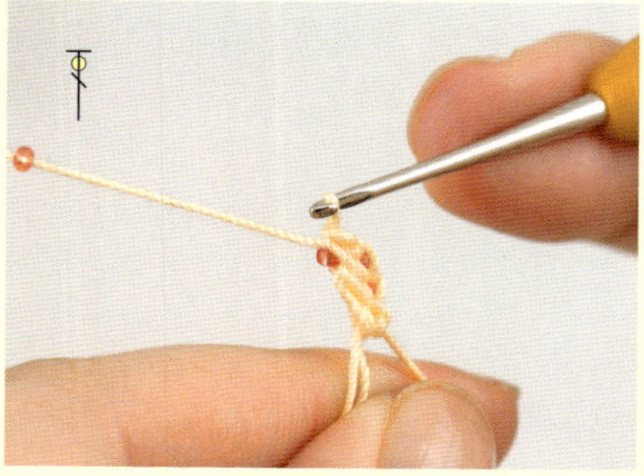

5. 第 1 针长针完成。在步骤 4 中织入的串珠是 1 颗。

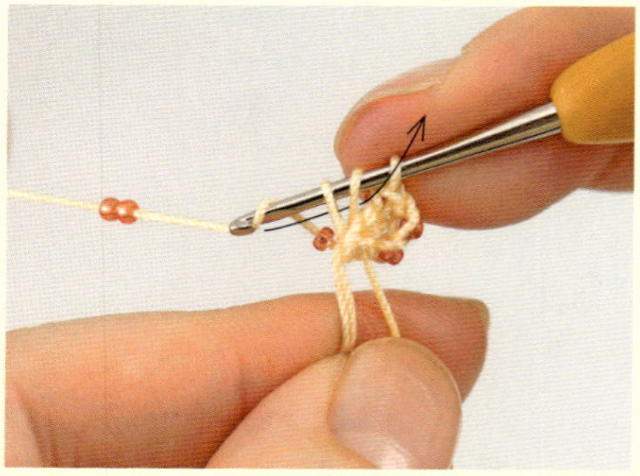

6. 钩织第 2 针长针。把线绕在钩针上，从线圈中拉出线圈。然后拨入串珠，从挂在钩针上的 2 个线圈中引拔出线。

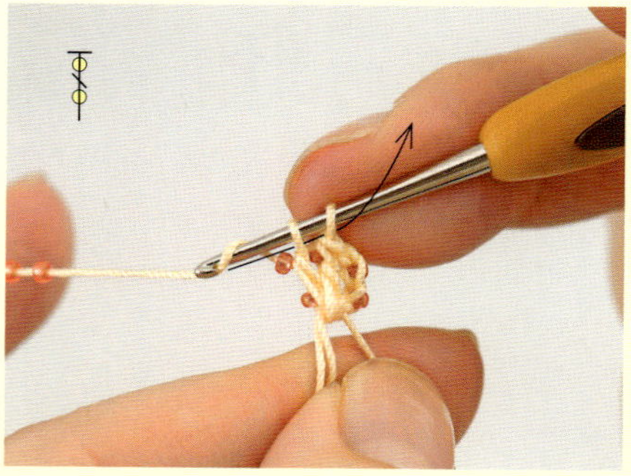

7. 再一次拨入串珠，再一次从挂在钩针上的 2 个线圈中引拔出线。第 2 针长针织入了 2 颗串珠。

8. 重复步骤 3 ~ 7，钩织完第 1 圈。串珠显示在织物的反面。

9. 第 1 圈是加 1 颗串珠和加 2 颗串珠交互钩织的，以防串珠之间相互碰撞或挤压。

28、29 杯垫（网眼花边、圈圈花样）…图片 p.48、49

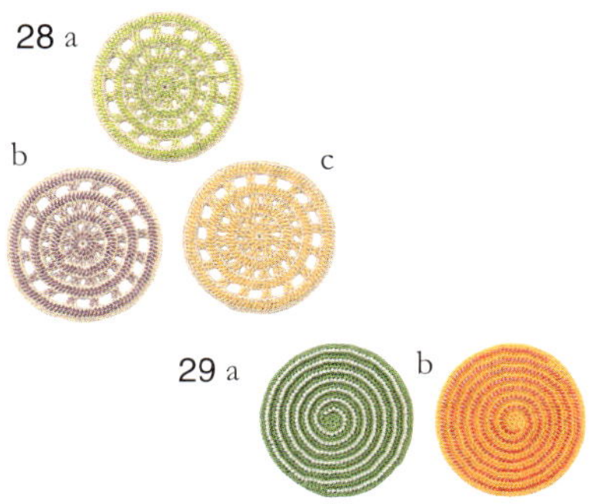

●材料工具

28 线…DMC 10 号 Cébélia 线

串珠…MIYUKI 小圆珠

29 线…DMC 10 号 Cébélia 线

串珠…MIYUKI 古董珠 M

※ 线与串珠的详细情况参照各自的图表。

蕾丝钩针…2 号

●成品尺寸

28 直径 9cm、29 直径 8.5cm

●钩织要领

在线上分别穿好所需数目的串珠。用线头做环形起针，开始钩织。参照图示，钩织过程中在指定的位置织入串珠。因为串珠织在织物的反面，所以把反面当作正面来使用。

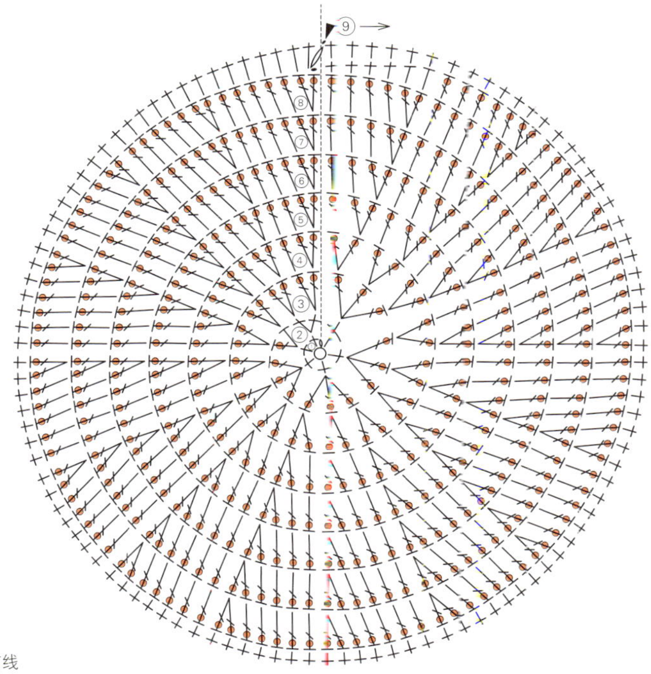

► = 剪线

○ ● = 织入串珠的位置

28

10号 Cébélia线 各4g	米色（739）
小圆珠○各6g，640颗	a 黄绿色（#14 H5005） b 紫色（#1648 H3765） c 黄色（#202 H5015）

29

	a	b
10号 Cébélia线 各5g	黄绿色（989）	明黄色（743）
古董珠 M ●各5g,438颗	灰白色（DBM-203）	桃红色（DBM-914）

成品

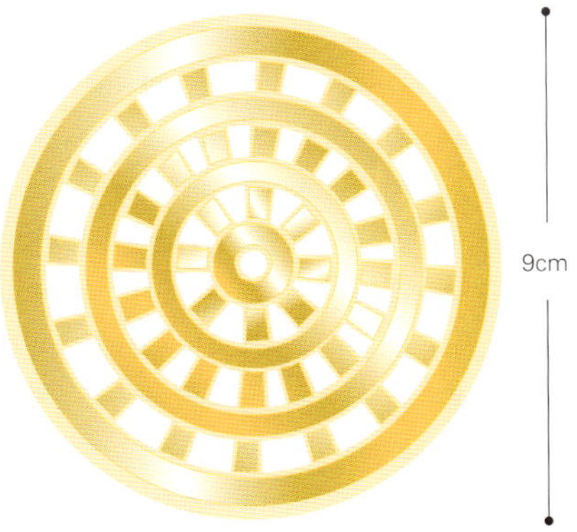

成品

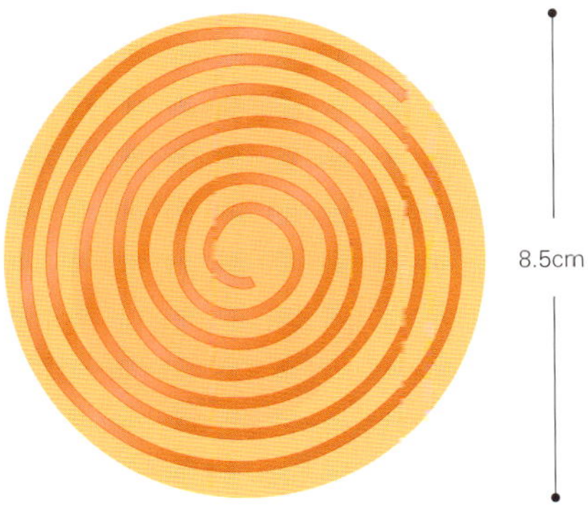

串珠小饰品

用余下的线和串珠可以钩织一些小小的图案。
可以随意安排，把它们做成别针、发圈等小饰品，还可以把它们当作小礼物送人。

30 飞镖发花

DMC 10 号 Cébélia 线 + MIYUKI 古董珠 M
钩织方法…p.82

31 方格发夹

DMC 8 号珠光棉线 + MIYUKI 古董珠
钩织方法…p.83

32 多彩圈圈发夹◎

DMC 8 号珠光棉线 + MIYUKI 古董珠

钩织方法…p.84

33 雪花别针

DMC 10 号 Cébélia 线 + MIYUKI 古董珠 M

钩织方法…p.85

34 发圈

DMC 8 号珠光棉线 + MIYUKI 小圆珠、浆果珠、水滴珠
钩织方法…p.86

35 边夹发卡

DMC 20 号 BABYLO 线 + MIYUKI 古董珠 M
钩织方法…p.87

发圈

把线钩织到橡皮圈（市面上销售的束发用橡皮圈）上，在针目上一边引拔出线，一边织入串珠。

※ 为了易于辨认，图中改变了作品中串珠和线的颜色。

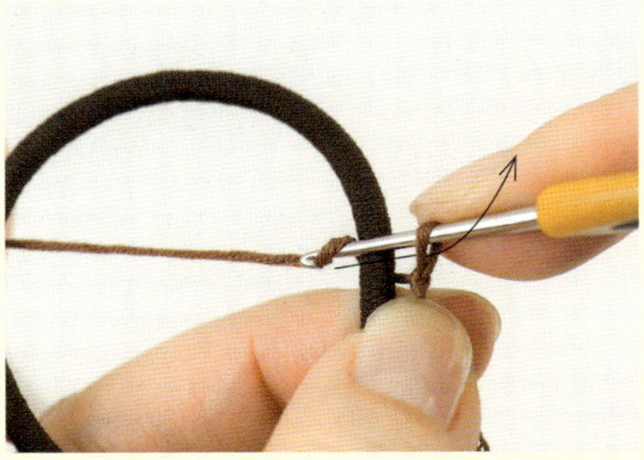

1. 用钩针起针，如图所示，把钩针放在橡皮筋的前面，使线夹着橡皮筋并把线绕在钩针上，从前面引拔出线。

2. 再把钩针放在发圈的后面，使线夹着橡皮筋并把线绕在钩针上，从后面引拔出线。重复步骤1、2，共钩织80组（共160针），完成1圈。

3. 橡皮圈钩织完后，用针把线穿到起始的针目中连起来，把两个线头打个结，再藏在针目里。线上可以提前穿好串珠。

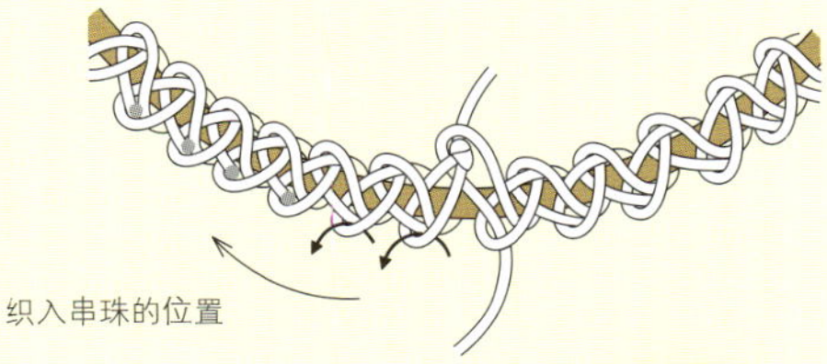

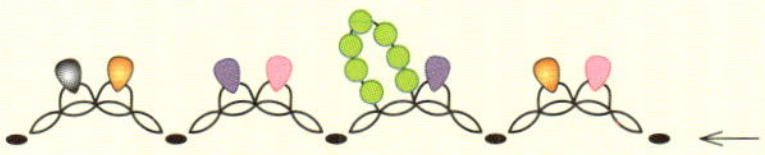

4. 在如图所示的针目内插入钩针，引拔出线。

5. 一边钩织锁针一边在指定位置织入串珠。

6. 按顺序把串珠都织进去。

36 条状发夹

DMC 8 号珠光棉线 + MIYUKI 古董珠

钩织方法…p.59

36 条状发夹 …图片 p.58

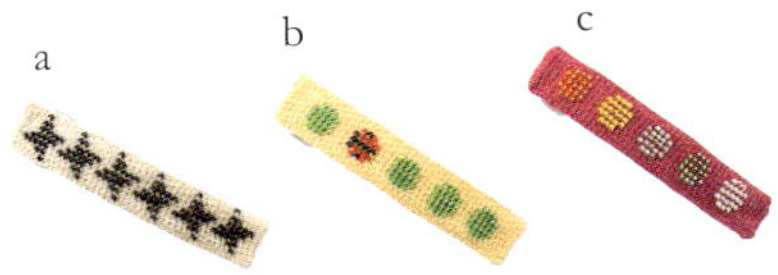

● **材料工具**

线…DMC 8 号珠光棉线

串珠…MIYUKI 古董珠

※ 线与串珠的详细情况参照各自的表格

蕾丝钩针…4 号

其他…条状顶夹、双面胶

● **成品尺寸**

约 8cm

● **钩织要领**

按指定顺序把串珠穿到线上。用锁针起针，然后从最初的锁针内入针，并引拔出线，形成一个圈。仅在第 1 圈钩织 1 针锁针作为立针。参照编织图在指定位置织入串珠，从前一圈外侧半针内挑线入针，钩织短针的条纹针。钩织 7 圈后，完成圆筒状的织物。因为串珠织在织物的反面，所以把反面当作正面来使用。

拼合…把织物折叠起来，使起针与收针的交界处成为侧边，然后上下缝合。参照拼合方法把条状顶夹装在织物主体的反面。

b 水珠与瓢虫

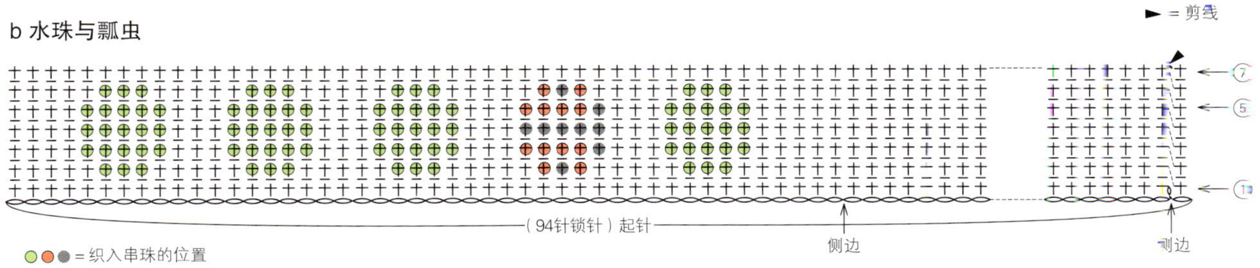

穿珠方法

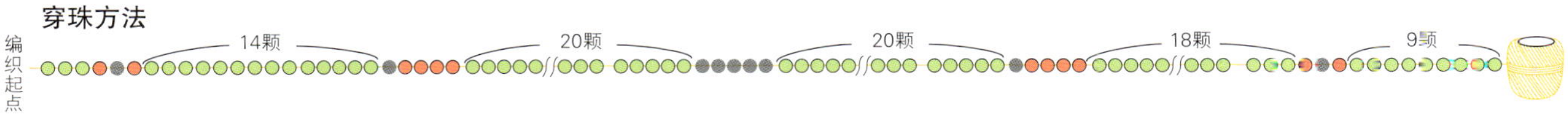

c 多彩水珠

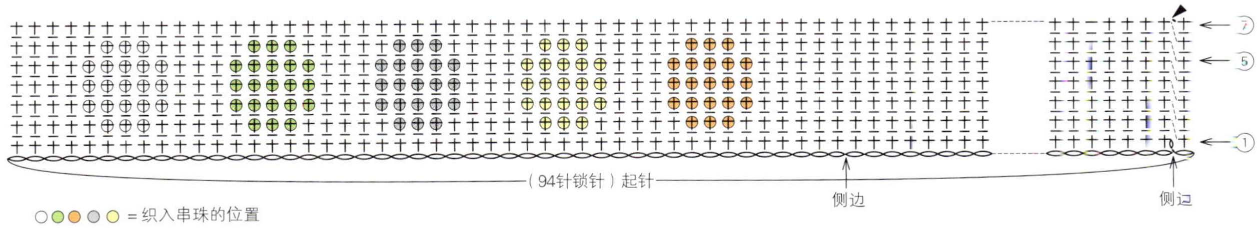

穿珠方法

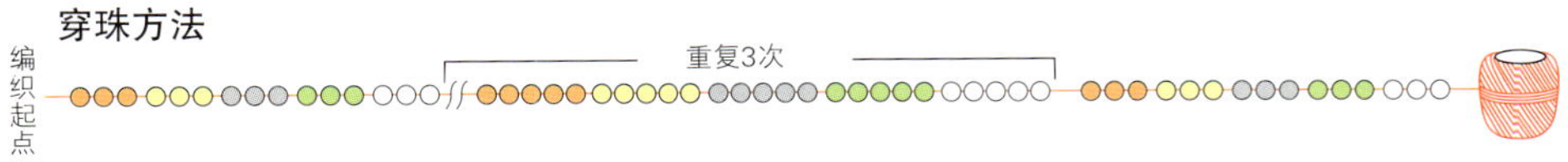

拼合方法

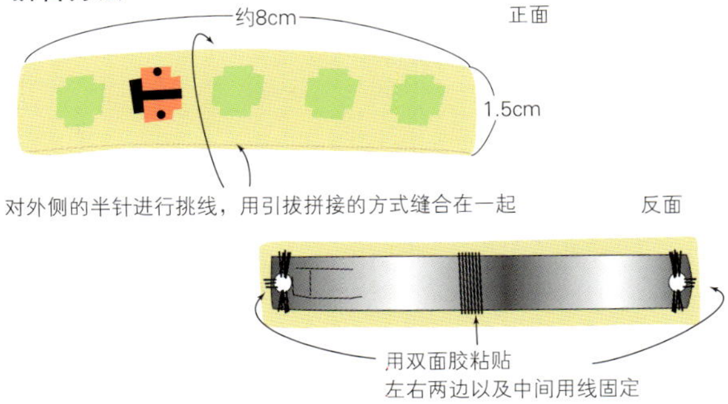

● a 千鸟格的钩织参照 p.81

	8号珠光棉线　各1g	古董珠
a 千鸟格	浅驼色（739）	● 黑色（DB-10）126颗
b 水珠与瓢虫	蛋黄色（744）	● 黑色（DB-10）9颗 ● 红色无光泽（DB-753）12颗 ● 绿色（DB-274）34颗
c 多彩水珠	草莓色（600）	● 橙色灌银（DB-45）● 黄色（DB-1532）● 灰色（DB-680） ● 黄绿色（DB-1206）● 奶油色（DB-732）各21颗

19、20 多彩水珠图案 …图片 p.24

●**材料工具**

线…DMC 8 号珠光棉线 19 蛋黄色（744）7g/ 20 象牙色（712）7g

串珠…MIYUKI 古董珠

※ 串珠的详细情况参照表格

蕾丝钩针…4 号

其他…TOKAI 6cm 宽口金、3 号天蚕丝线（强）各 60cm×2 根

●**成品尺寸**

宽 10cm、高 7.5cm（不含口金）

●**钩织要领**

按指定顺序把串珠穿到线上。用线头做环形起针，按照编织图在指定位置织入串珠，从前 1 圈外侧半针内挑线入针，钩织短针的条纹针（参照 p.34）。因为串珠钩织在织物的反面，所以把反面当作正面来使用。

拼合…里袋适用 6cm 宽的口金（纸样参照 p.89）。用天蚕丝线把口金缝在包主体上，制作完成。

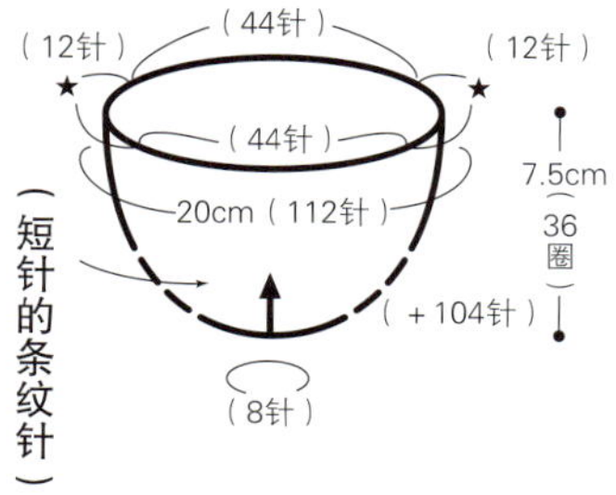

古董珠	19	20
○	黄色（DB-1562）13g，2560颗	象牙色（DB-352）13g，2560颗
●	黄绿色（DB-274）1g，128颗	紫色（DB-1754）1g，128颗
●	灰色（DB-680）1g，128颗	婴儿粉色（DB-62）1g，128颗
●	樱桃红色（DB-856）1g，128颗	黄色（DB-743）1g，128颗
●	白色（DB-200）1g，128颗	绿色（DB-1767）1g，128颗

拼合方法

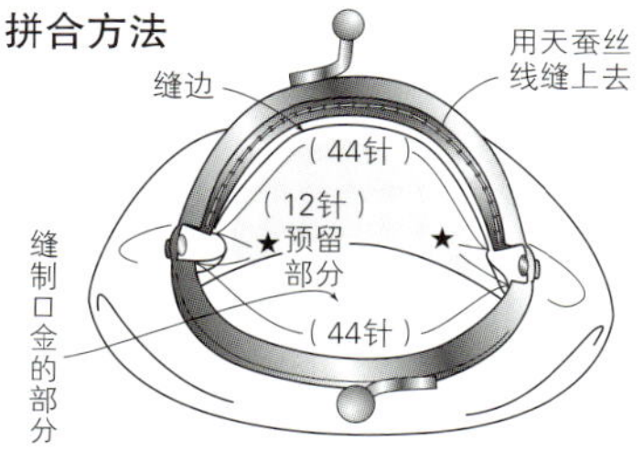

＊ 里袋制作参考p.40，口金安装参考p.42的“基本安装方法”

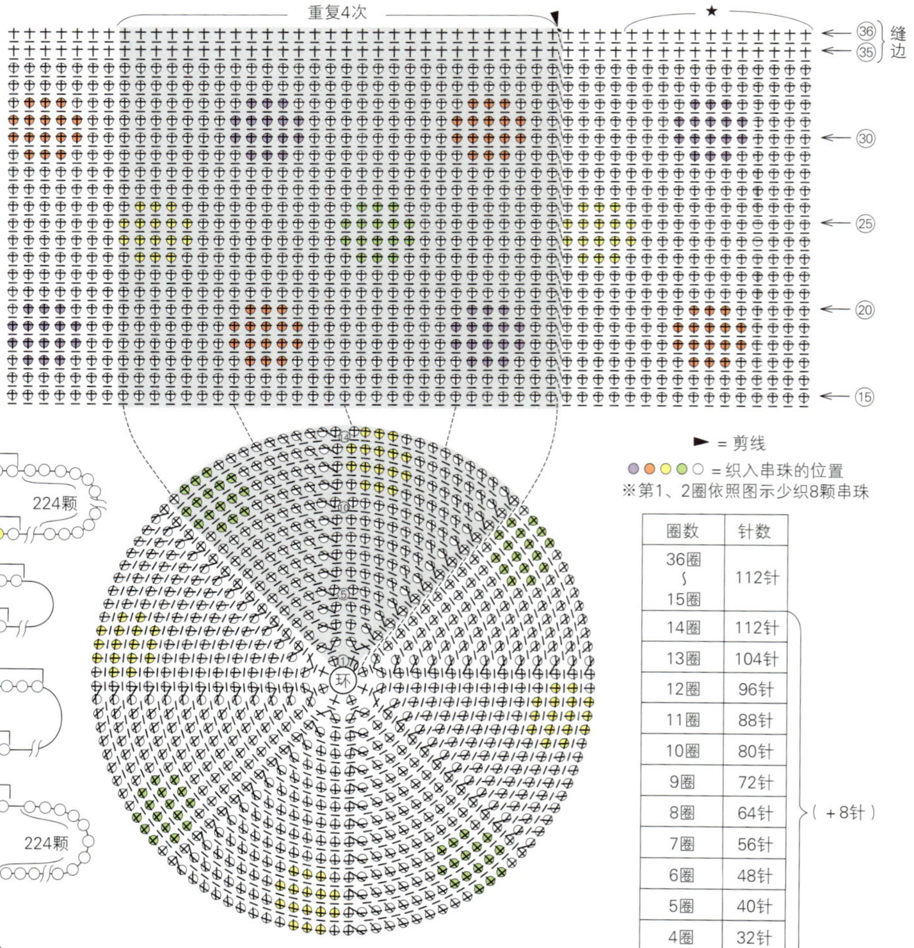

► = 剪线

●●●●○ = 织入串珠的位置

※第1、2圈依照图示少织8颗串珠

圈数	针数
36圈～15圈	112针
14圈	112针
13圈	104针
12圈	96针
11圈	88针
10圈	80针
9圈	72针
8圈	64针
7圈	56针
6圈	48针
5圈	40针
4圈	32针
3圈	24针
2圈	16针
1圈	8针

（14圈～1圈：+8针）

穿珠方法

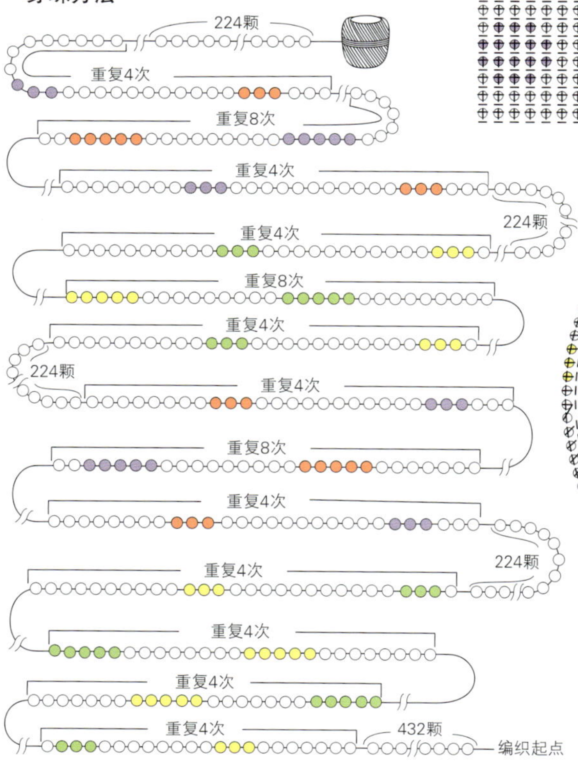

21 菱形格纹 …图片 p.26

●**材料工具**

线…DMC 10 号 BABYLO 线、10 号 Cébélia 线

串珠…MIYUKI 古董珠 M

※ 线和串珠的详细情况参照表格

蕾丝钩针…2 号

其他…MIYUKI 10cm 梳形串珠口金、3 号天蚕丝线（强）80cm×2 根

●**成品尺寸**

宽 17cm、高 12.5cm（不含口金）

●**钩织要领**

分别在每根线上穿好所需数目的串珠，配色线要按指定顺序穿。用线头做环形起针，按照编织图以及基础线和配色线的编织花样织入串珠，从前 1 圈外侧半针内挑线入针，钩织短针的条纹针（参照 p.34）。钩织花样是一边包裹着渡线一边钩织的，为了使针目的高度不突出来，钩织时要注意缩短一下短针的针目。因为串珠织在织物的反面，所以把反面当作正面来使用。

拼合…里袋适用 10cm 宽的口金（纸样参照 p.88）。用天蚕丝线把口金缝在包主体上，制作完成。

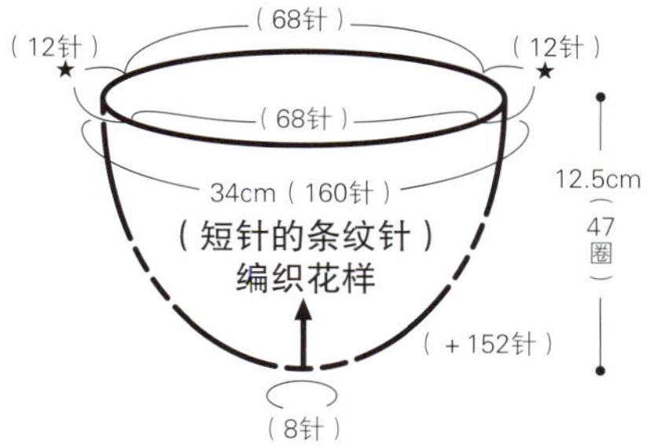

拼合方法

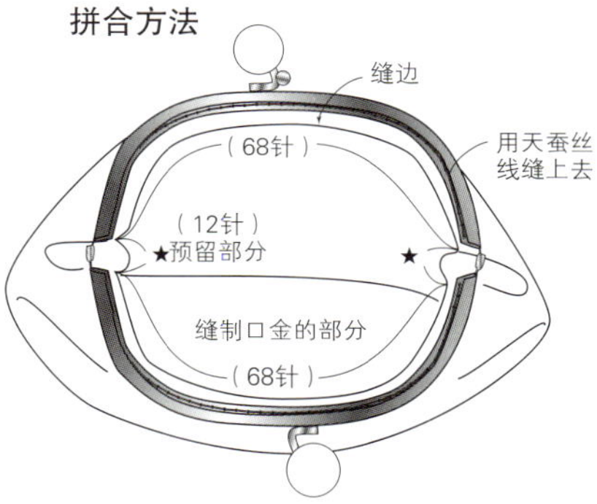

＊ 里袋制作参考p.40，口金安装参考p.42的“基本安装方法”

配色线的穿珠方法

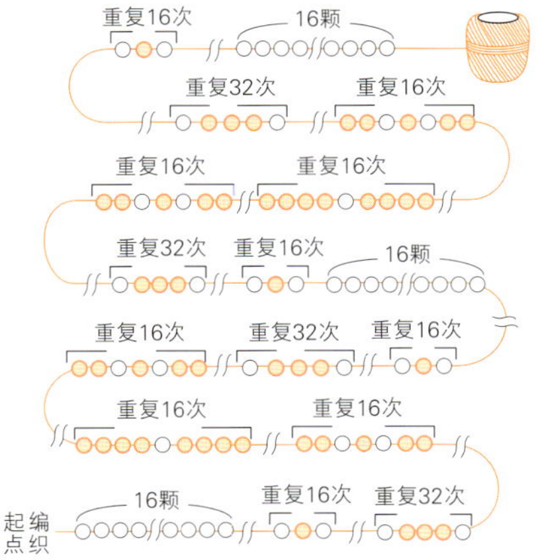

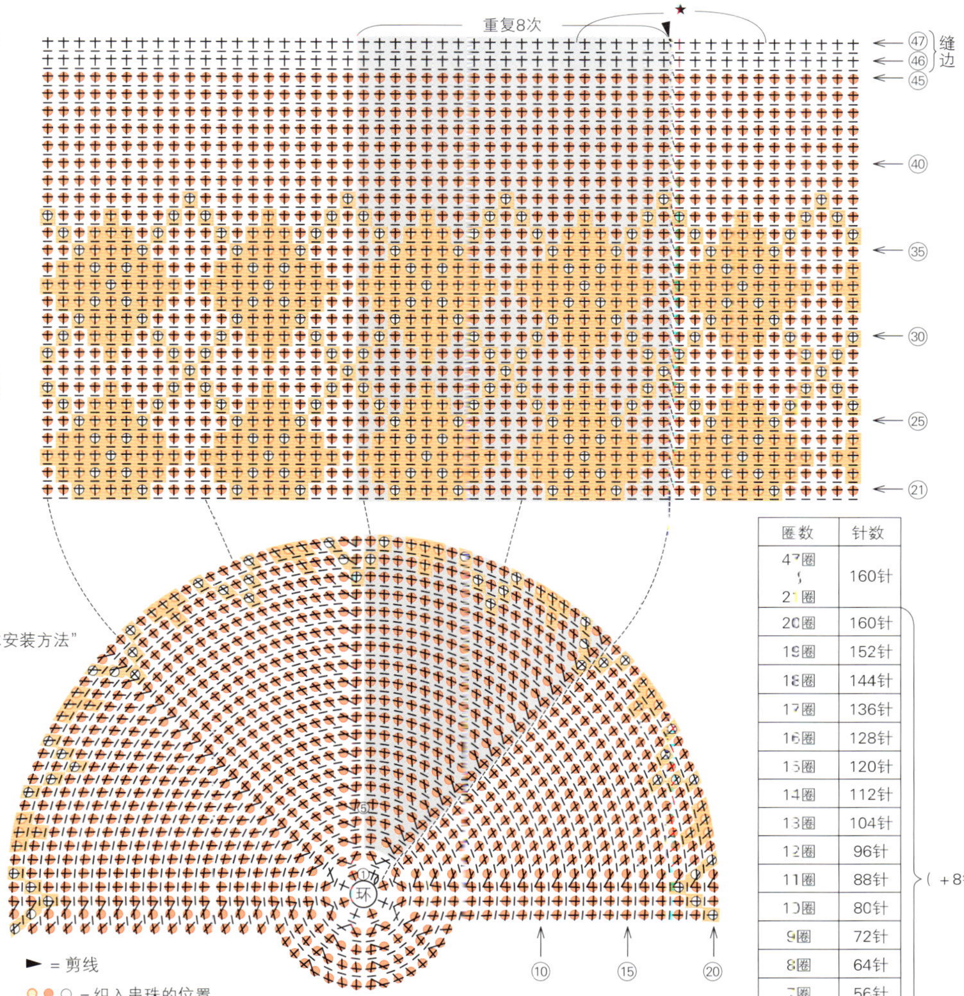

▶ = 剪线

○○○ = 织入串珠的位置

※第1、2圈依照图示少织8颗串珠

圈数	针数
47圈 ～ 21圈	160针
20圈	160针
19圈	152针
18圈	144针
17圈	136针
16圈	128针
15圈	120针
14圈	112针
13圈	104针
12圈	96针
11圈	88针
10圈	80针
9圈	72针
8圈	64针
7圈	56针
6圈	48针
5圈	40针
4圈	32针
3圈	24针
2圈	16针
1圈	8针

（2圈～20圈：+8针）

● 织物栏品的配色…p.75

基础线	配色线
□10号BABYLO线　红色（475）19g	10号Cébélia线　橙色（741）8g
古董珠 M ● 红色（DBM-723）39g，4056颗	古董珠 M ○ 橘色（DBM-703）11g，1024颗 ○ 象牙色（DBM-352）6g，592颗

22 水珠和瓢虫图案〈部分串珠〉

…图片 p.28

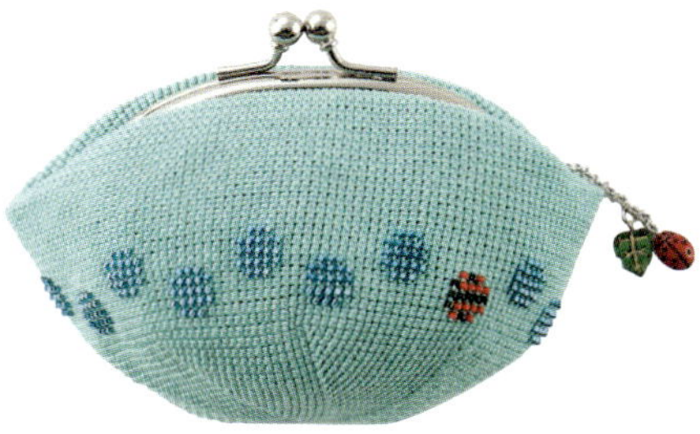

●材料工具

线…DMC 20 号 Cébélia 线

串珠…MIYUKI 古董珠

※ 线和串珠的详细情况参照表格

蕾丝钩针…4 号

其他… TOKAI 9cm 宽口金、3 号天蚕丝线（强）80cm×2 根

●成品尺寸

宽 14.5cm、高 10cm（不含口金）

●钩织要领

按指定顺序在线上穿好所需数目的串珠。用线头做环形起针，参照编织图，在指定位置上织入串珠，从前 1 圈外侧半针内挑线入针，钩织短针的条纹针（参照 p.34）。因为串珠织在织物的反面，所以把反面当作正面来使用。

拼合…里袋适用 9cm 宽的口金（纸样参照 p.88）。用天蚕丝线把口金缝在包主体上，制作完成。

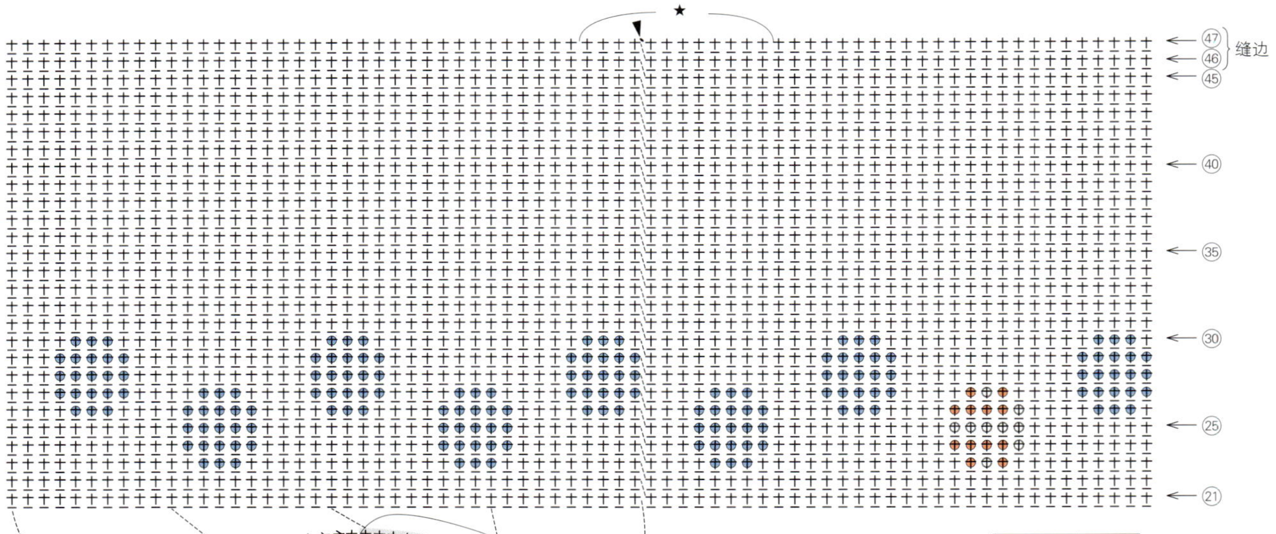

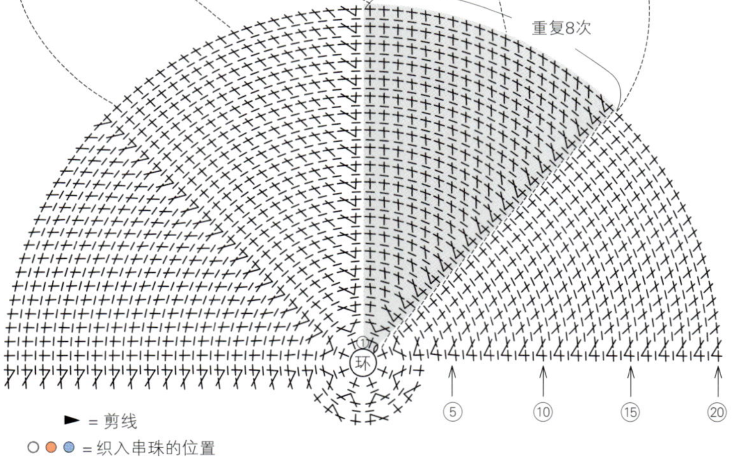

圈数	针数
11圈	88针
10圈	80针
9圈	72针
8圈	64针
7圈	56针
6圈	48针
5圈	40针
4圈	32针
3圈	24针
2圈	16针
1圈	8针

（2圈～11圈：+8针）

圈数	针数
47圈～21圈	160针
20圈	160针
19圈	152针
18圈	144针
17圈	136针
16圈	128针
15圈	120针
14圈	112针
13圈	104针
12圈	96针

（12圈～20圈：+8针）

20号Cébélia线	亮青绿色（964）13g
古董珠	● 海蓝色灌银（DB-149）2g，399颗 ● 暗红色（DB-795）12颗 ○ 黑色（DB-10）9颗

穿珠方法

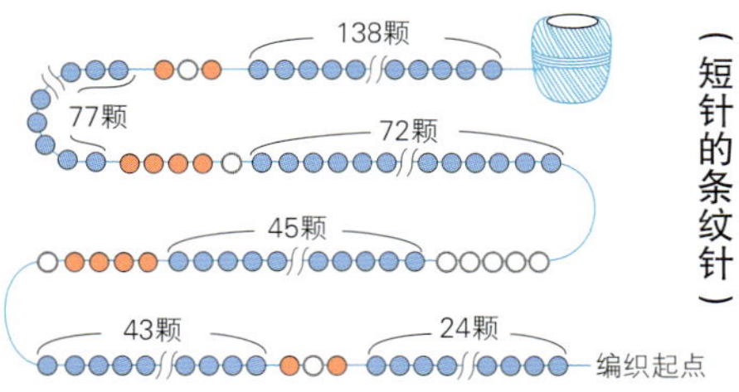

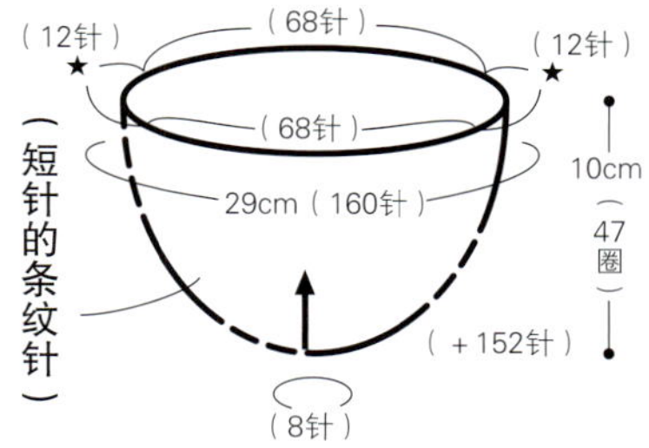

拼合方法

＊ 里袋制作参考p.40，安装口金参考p.42的“基本安装方法”

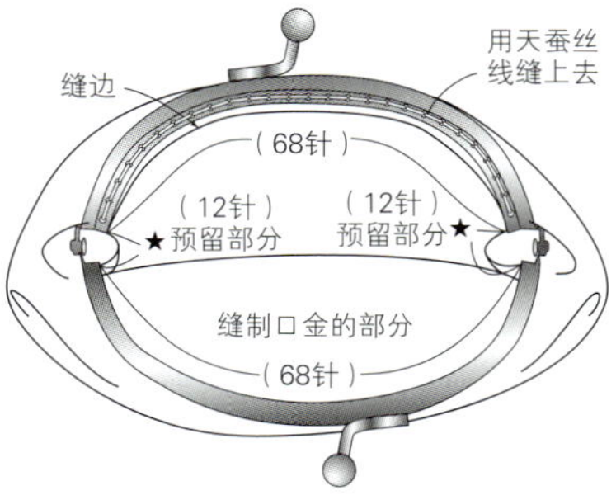

23 水珠和瓢虫图案〈全部串珠〉…图片 p.28

●**材料工具**

线…DMC 8 号珠光棉线

串珠…MIYUKI 古董珠

※ 线和串珠的详细情况参照表格

蕾丝钩针…4 号

其他… TOKAI 9cm 宽口金、3 号天蚕丝线（强）80cm×2 根

●**成品尺寸**

宽 14.5cm、高 10cm（不含口金）

●**钩织要领**

分别在每根线上穿好所需数目的串珠，配色线要按指定顺序穿。用线头做环形起针，在指定位置上织入串珠，从前 1 圈外侧半针内挑线入针，钩织短针的条纹针（参照 p.34）。参照编织图，第 23 ~ 30 圈按照基础线和配色线的编织花样一边包裹着渡线一边钩织，为了使针目的高度不突出来，钩织时要注意缩短一下短针的针目。因为串珠织在织物的反面，所以把反面当作正面来使用。

拼合…里袋适用 9cm 宽的口金（纸样参照 p.88）。用天蚕丝线把口金缝在包主体上，制作完成。

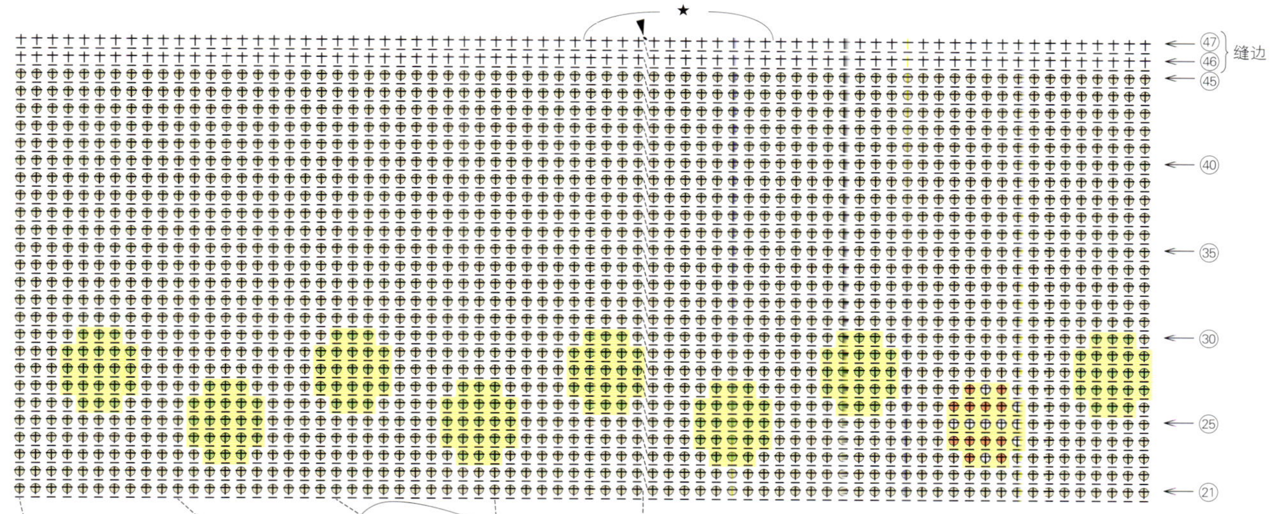

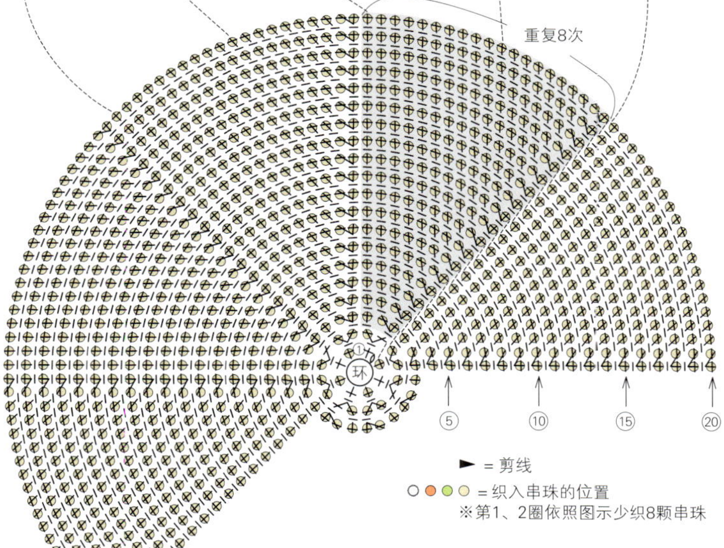

圈数	针数
47圈 ~ 21圈	160针
20圈	160针
19圈	152针
18圈	144针
17圈	136针
16圈	128针
15圈	120针
14圈	112针
13圈	104针
12圈	96针
11圈	88针
10圈	80针
9圈	72针
8圈	64针
7圈	56针
6圈	48针
5圈	40针
4圈	32针
3圈	24针
2圈	16针
1圈	8针

（+8针）

	基础线	配色线
8号珠光棉线	黄土色（676）12g	黄土色（676）12g
古董珠	金茶色幻彩（DBC-100）22g，5252颗	绿色（DB-274）2g，399颗 红色（DB-723）12颗 黑色（DB-10）9颗

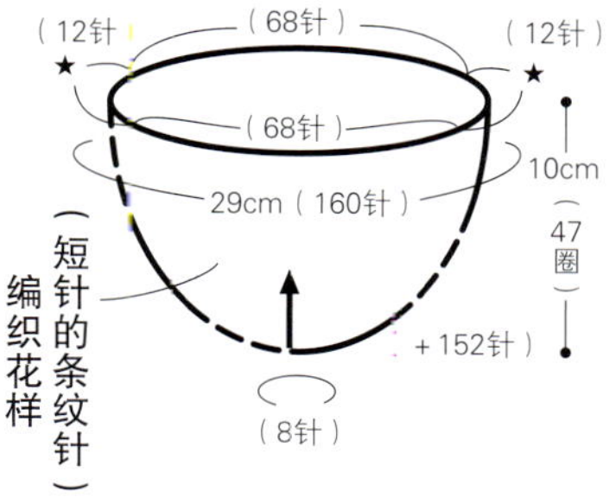

●拼合方法参照 p.62

配色线的穿珠方法

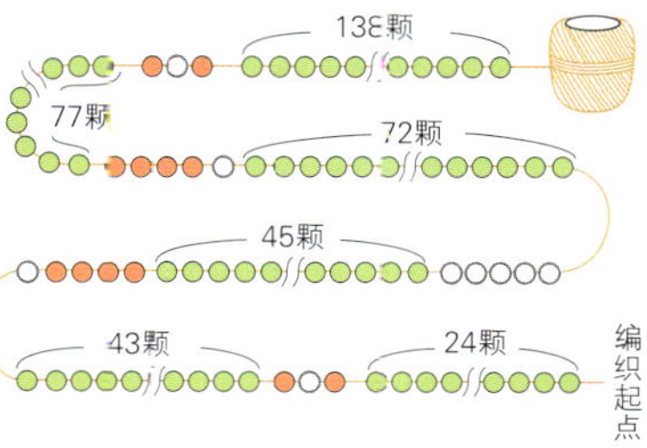

24 小红花图案 …图片 p.30

●材料工具

线…DMC 10 号 BABYLO 线

串珠…MIYUKI 古董珠 M

※ 线和串珠的详细情况参照表格

蕾丝钩针…2 号

其他…MIYUKI 10cm 梳形串珠口金(Z0035051 黄色 圆形)、3 号天蚕丝线 (强) 80cm×2 根

●成品尺寸

宽 17cm、高 12.5cm (不含口金)

●钩织要领

分别在每根线上穿好所需数目的串珠，配色线要按指定顺序穿。用线头做环形起针，按照编织图在指定位置上织入串珠，从前1 圈外侧半针内挑线入针，钩织短针的条纹针 (参照 p.34)。参照编织图，第 21 ~ 33 圈按照基础线和配色线的编织花样一边包裹着渡线一边钩织，为了使针目的高度不突出来，钩织时要注意缩短一下短针的针目。配色线除了茎以外只有花的部分用到，所以每钩织一圈就把线剪断。因为串珠织在织物的反面，所以把反面当作正面来使用。

拼合…里袋适用 10cm 宽的口金 (纸样参照 p.88)。用天蚕丝线把口金缝在包主体上，制作完成。

► = 剪线

○○○○ = 织入串珠的位置

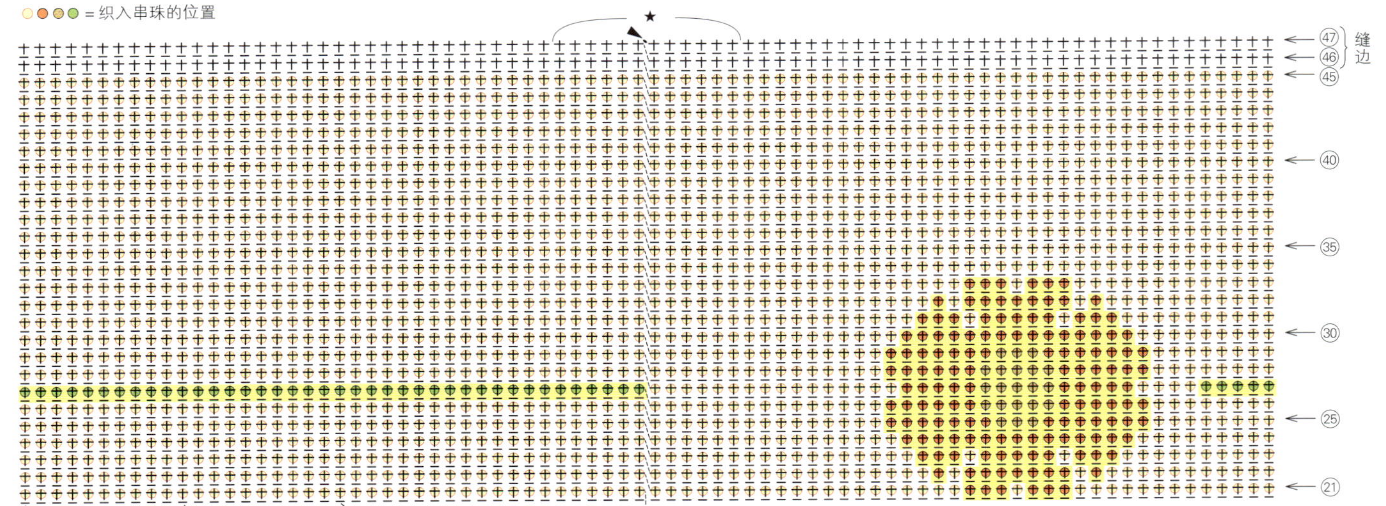

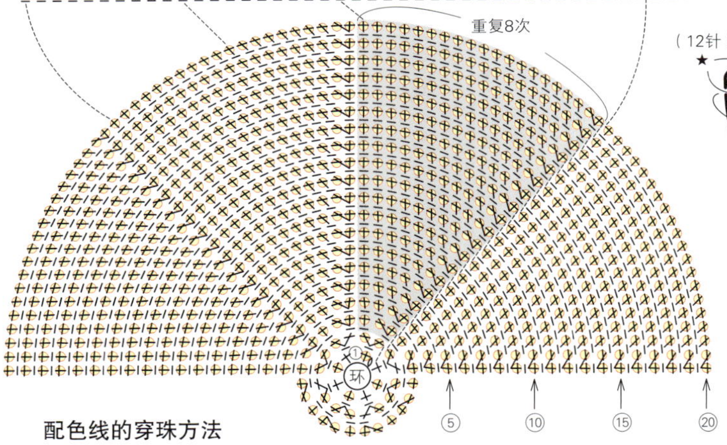

※第1、2圈依照图示少织8颗串珠

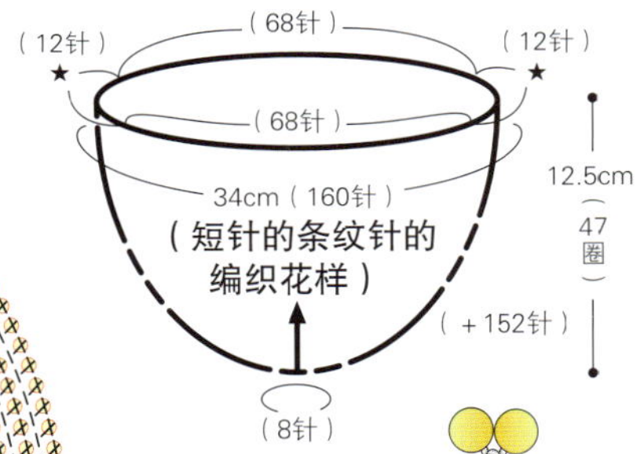

圈数	针数
47圈 ~ 21圈	160针
20圈	160针
19圈	152针
18圈	144针
17圈	136针
16圈	128针
15圈	120针
14圈	112针
13圈	104针
12圈	96针
11圈	88针
10圈	80针
9圈	72针
8圈	64针
7圈	56针
6圈	48针
5圈	40针
4圈	32针
3圈	24针
2圈	16针
1圈	8针

(+8针)

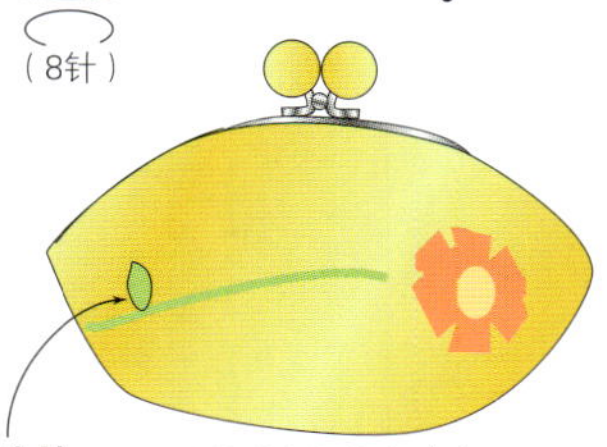

小叶片 ＊叶状花样制作方法参照p.45

● 绿色无光泽 (DBM-877) 16颗

配色线的穿珠方法

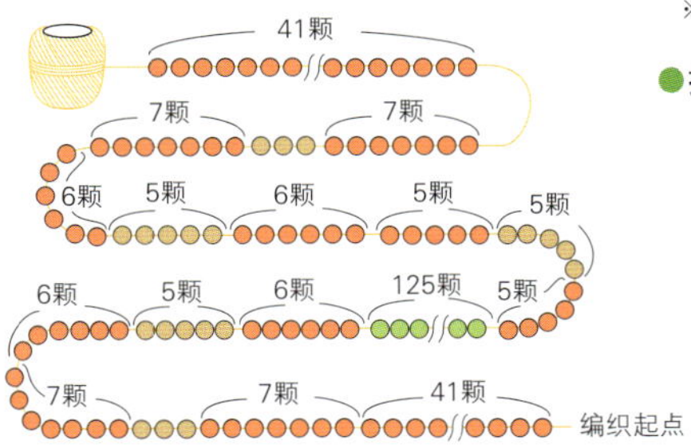

●拼合方法参照 p.62

	基础线	配色线
10号BABYLO线	□ 奶油色 (745) 33g	□ 奶油色 (745) 2g
古董珠 M	○ 乳白色 (DBM-623) 54g，5382颗	● 深红色 (DBM-362) 2g，144颗 ● 曙光黄色 (DBM-53) 21颗 ● 绿色无光泽 (DBM-877) 2g，125颗

1 水珠图案 …图片 p.6

●**材料工具**

线…DMC 8 号珠光棉线 黄土色（676）12g

串珠…MIYUKI 古董珠 酸橙色（DB-1266）12g，2280 颗

蕾丝钩针…4 号

其他…TOKAI 9cm 宽口金、3 号天蚕丝线（强）80cm×2 根

●**成品尺寸**

宽 14.5cm、高 10cm（不含口金）

●**钩织要领**

在线上穿好所需数目的串珠。用线头做环形起针，按照编织图在指定位置织入串珠，从前 1 圈外侧半针内挑线入针，钩织短针的条纹针（参照 p.34）。因为串珠织在织物的反面，所以把反面当作正面来使用。

拼合…里袋适用 9cm 宽的口金（纸样参照 p.88）。用天蚕丝线把口金缝在包主体上，制作完成。

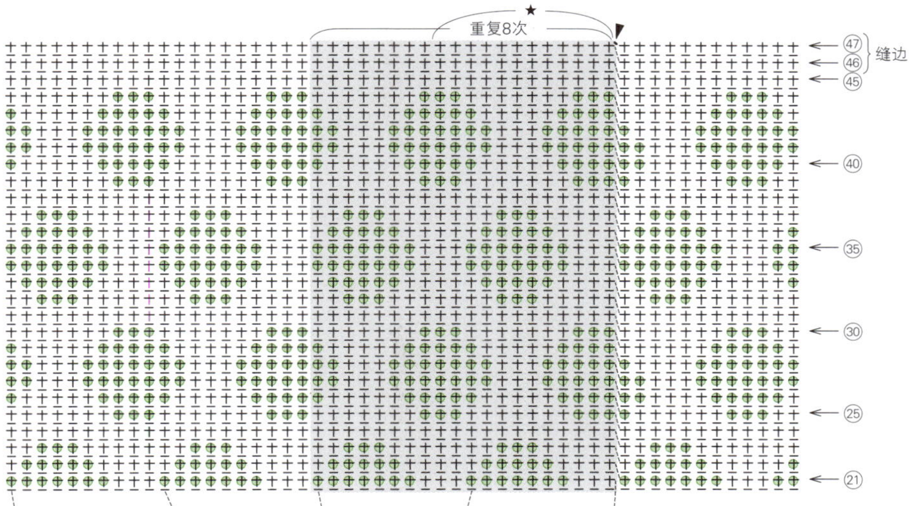

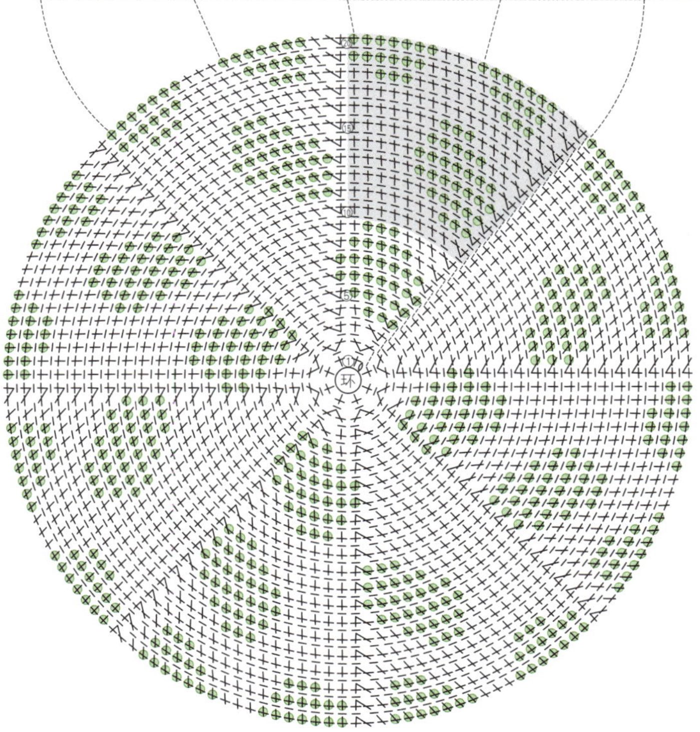

► = 剪线

● = 织入串珠的位置

圈数	针数
47圈～21圈	160针
20圈	160针
19圈	152针
18圈	144针
17圈	136针
16圈	128针
15圈	120针
14圈	112针
13圈	104针
12圈	96针
11圈	88针
10圈	80针
9圈	72针
8圈	64针
7圈	56针
6圈	48针
5圈	40针
4圈	32针
3圈	24针
2圈	16针
1圈	8针

（+8针）

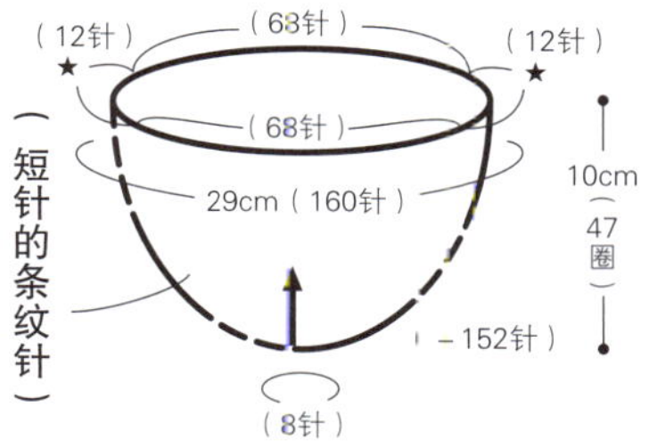

拼合方法

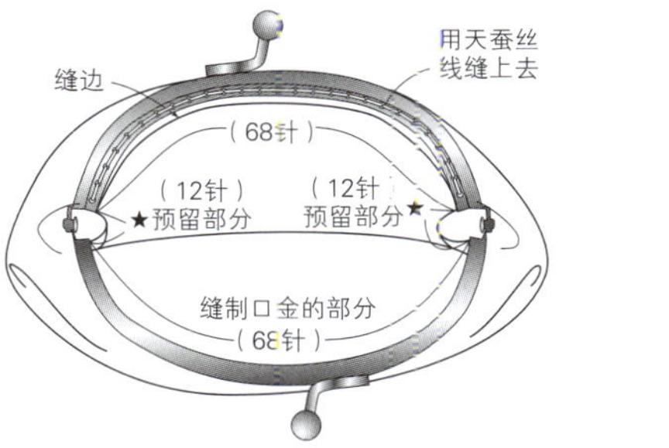

＊ 里袋制作参考p.40，口金安装参考p.42的"基本安装方法"

2 条纹图案 …图片 p.8

●材料工具

线…DMC 8 号珠光棉线 浅黄色（745）12g 串珠…MIYUKI 古董珠 水蓝色灌银（DB – 44）15g，2912 颗

蕾丝钩针…4 号

其他… TOKAI 9cm 宽口金、3 号天蚕丝线（强）80cm×2 根

●成品尺寸

宽 14.5cm、高 10cm（不含口金）

●钩织要领

在线上穿好所需数目的串珠。用线头做环形起针，按照编织图在指定位置织入串珠，从前 1 圈外侧半针内挑线入针，钩织短针的条纹针（参照 p.34）。因为串珠织在织物的反面，所以把反面当作正面来使用。

拼合…里袋适用 9cm 宽的口金（纸样参照 p.88）。用天蚕丝线把口金缝在包主体上，制作完成。

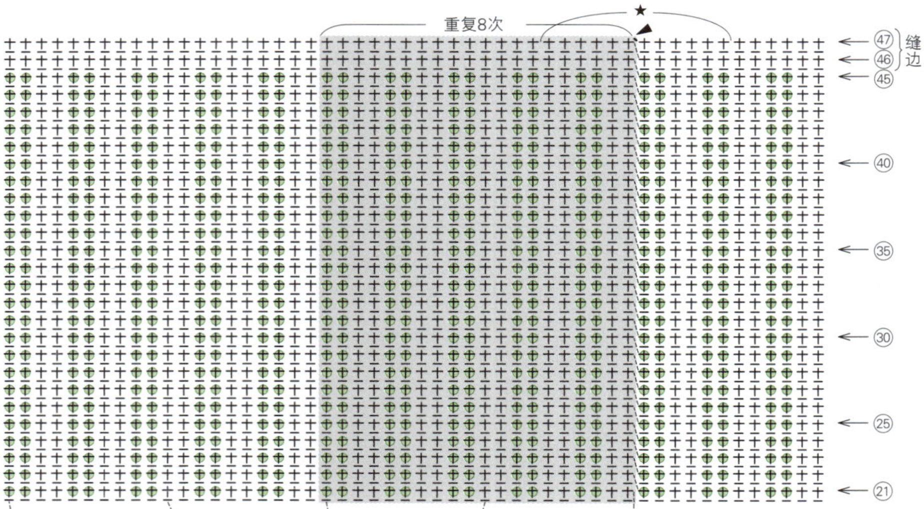

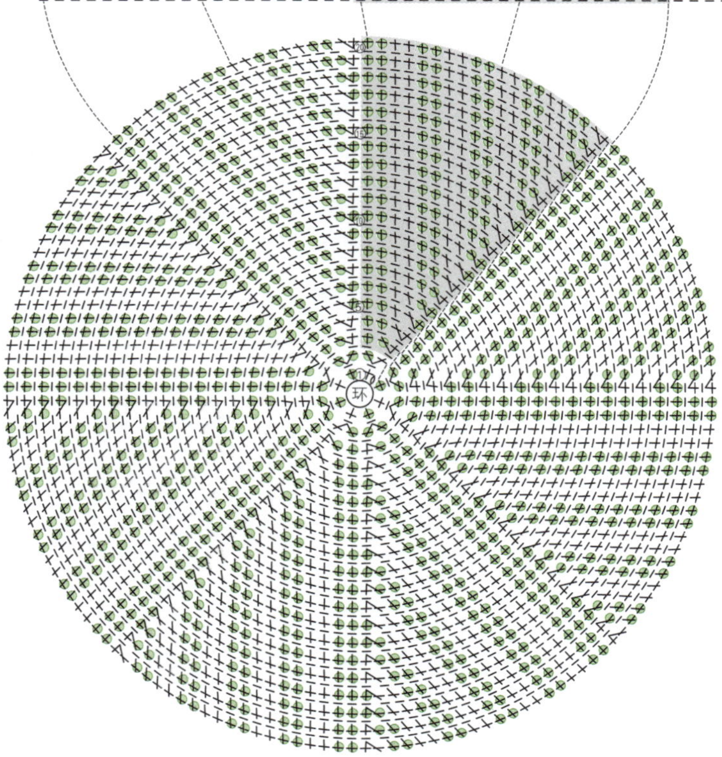

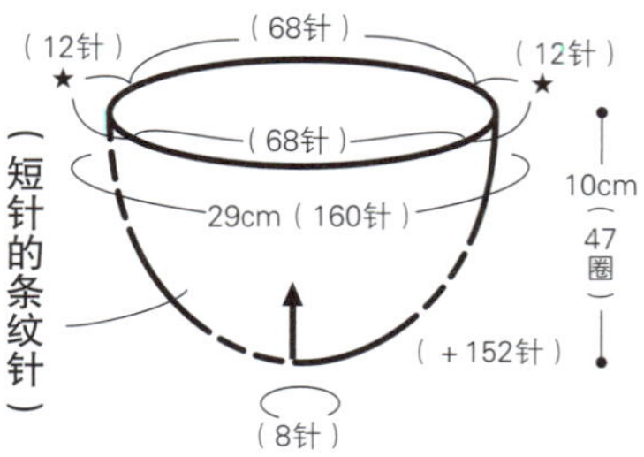

圈数	针数
47圈～21圈	160针
20圈	160针
19圈	152针
18圈	144针
17圈	136针
16圈	128针
15圈	120针
14圈	112针
13圈	104针
12圈	96针
11圈	88针
10圈	80针
9圈	72针
8圈	64针
7圈	56针
6圈	48针
5圈	40针
4圈	32针
3圈	24针
2圈	16针
1圈	8针

（1圈～20圈：＋8针）

拼合方法

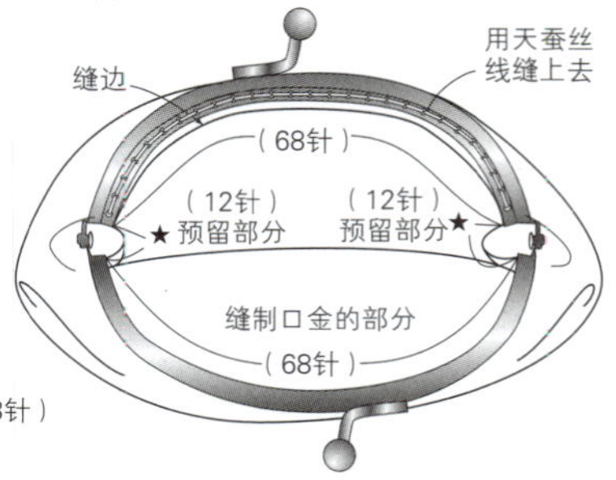

＊ 里袋制作参考p.40，口金安装参考p.42的“基本安装方法”

► ＝剪线

● ＝织入串珠的位置

● 织物样品的配色… p.75

3 圆圈图案 …图片 p.9

● 材料工具

线…DMC 8 号珠光棉线 象牙色（712）12g

串珠…MIYUKI 古董珠 丝质粉色（DB-825）18g，3920 颗

蕾丝钩针…4 号

其他… TOKAI 9cm 宽口金、3 号天蚕丝线（强）80cm×2 根

● 成品尺寸

宽 14.5cm、高 10cm（不含口金）

● 钩织要领

在线上穿好所需数目的串珠。用线头做环形起针，按照编织图在指定位置织入串珠，从前 1 圈外侧半针内挑线入针，钩织短针的条纹针（参照 p.34）。因为串珠织在织物的反面，所以把反面当作正面来使用。

拼合…里袋适用 9cm 宽的口金（纸样参照 p.88）。用天蚕丝线把口金缝在包主体上，制作完成。

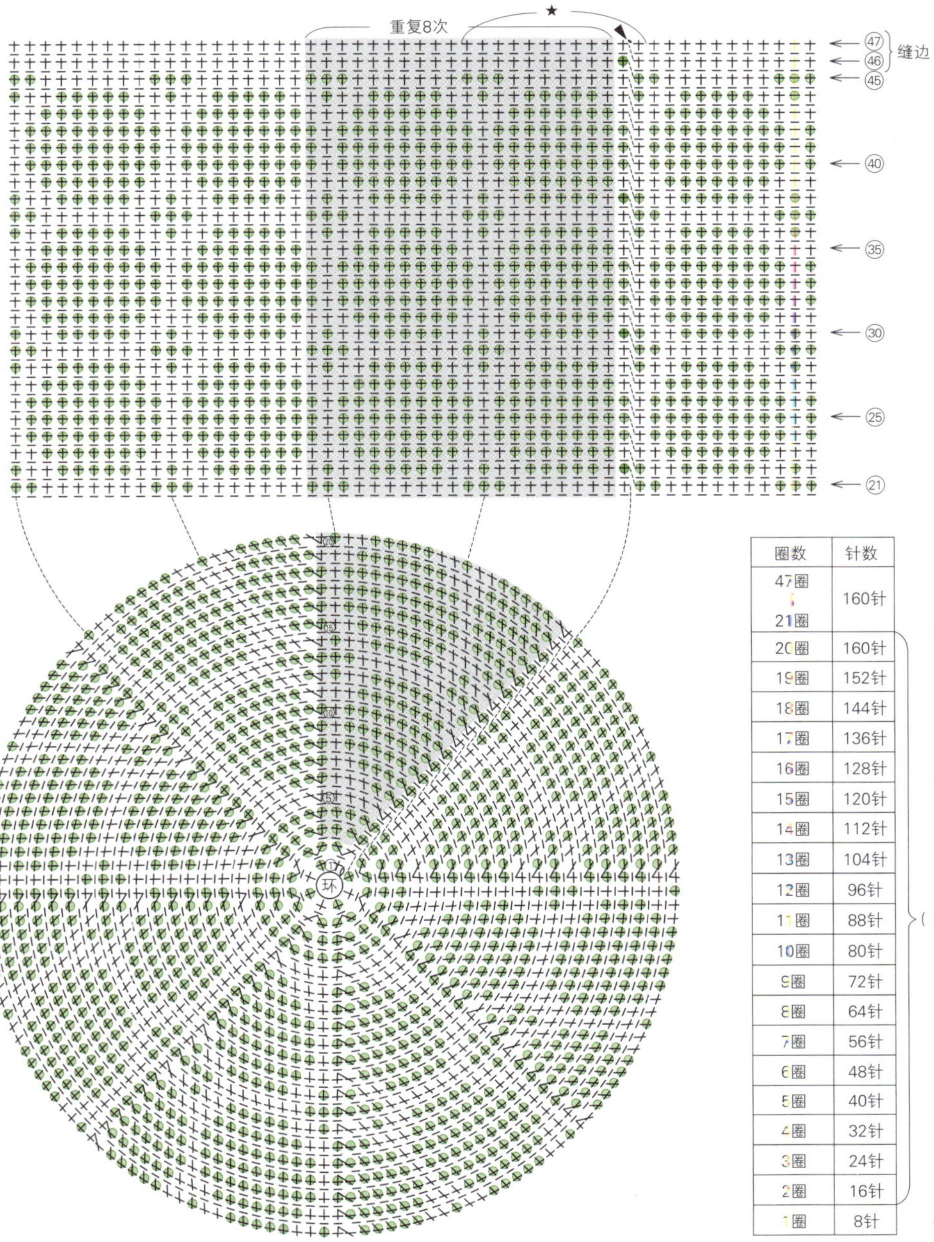

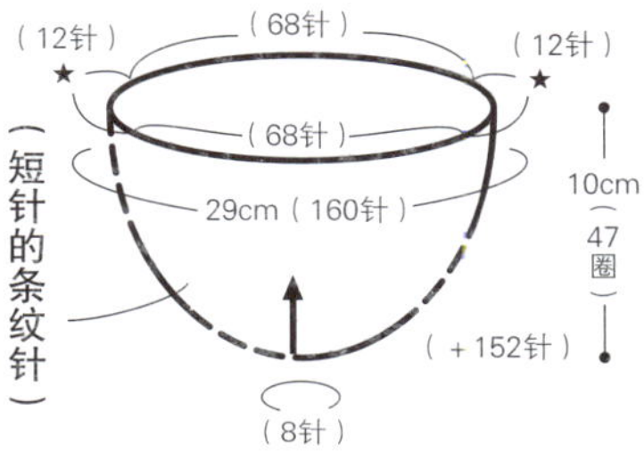

圈数	针数
47圈 ⌇ 21圈	160针
20圈	160针
19圈	152针
18圈	144针
17圈	136针
16圈	128针
15圈	120针
14圈	112针
13圈	104针
12圈	96针
11圈	88针
10圈	80针
9圈	72针
8圈	64针
7圈	56针
6圈	48针
5圈	40针
4圈	32针
3圈	24针
2圈	16针
1圈	8针

（2圈–20圈：＋8针）

拼合方法

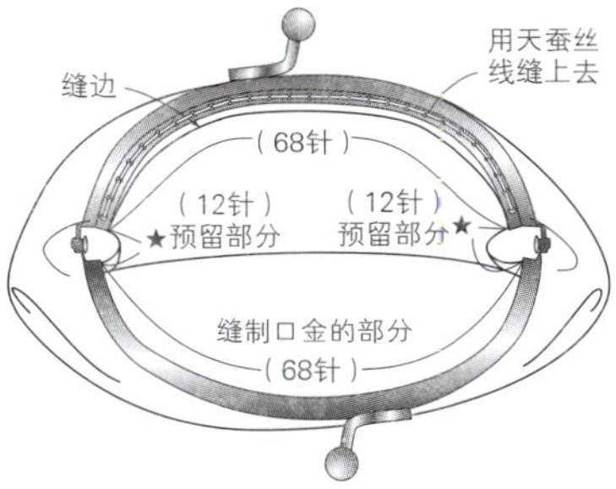

★ 里袋制作参考p.40，口金安装参考p.42的“基本安装方法”

► = 剪线

● = 织入串珠的位置

● = 换圈之后钩织

※第1、2圈依照图示少织8颗串珠

● 织物样品的配色… p.75

4、5 蕾丝花边风 …图片 p.10~11

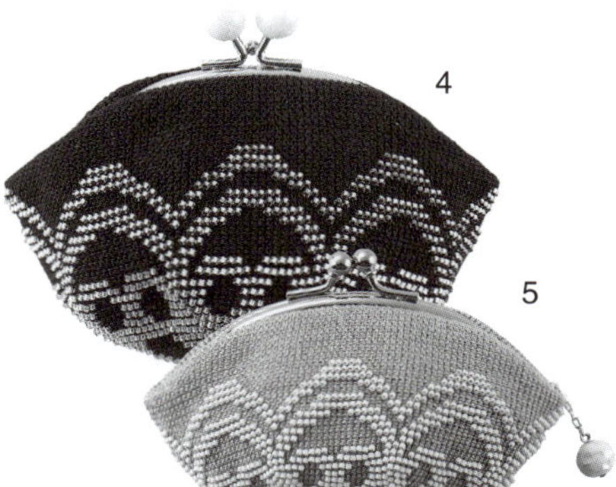

●材料工具

线…DMC 4 10 号 Cébélia 线 / 5 8 号珠光棉线

串珠…MIYUKI 4 古董珠 M/ 5 古董珠

※ 线和串珠的详细情况参照表格

蕾丝钩针…4 2 号 / 5 4 号

其他…4 MIYUKI 10cm 梳形串珠口金（Z0035047 黄象牙色 圆形）/5 TOKAI 9cm 宽口金、3 号天蚕丝线（强）各 80cm×2 根

●成品尺寸

4 宽 17cm、高 12.5cm（不含口金）

5 宽 14.5cm、高 10cm（不含口金）

●钩织要领

在线上穿好所需数目的串珠。用线头做环形起针，按照编织图在指定位置织入串珠，从前 1 圈外侧半针内挑线入针，钩织短针的条纹针（参照 p.34）。因为串珠织在织物的反面，所以把反面当作正面来使用。

拼合…作品 4 的里袋适用 10cm 宽的口金，作品 5 的里袋适用 9cm 宽的口金（纸样参照 p.88）。用天蚕丝线把口金缝在包主体上，制作完成。

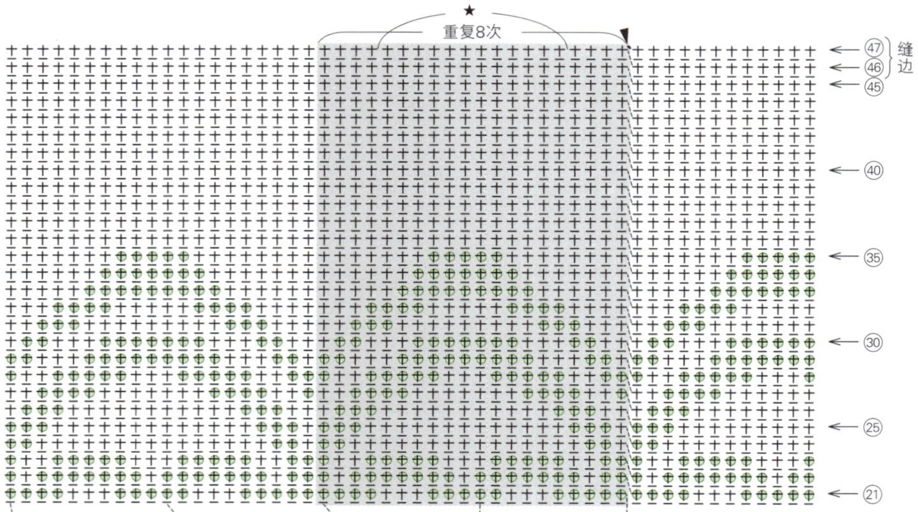

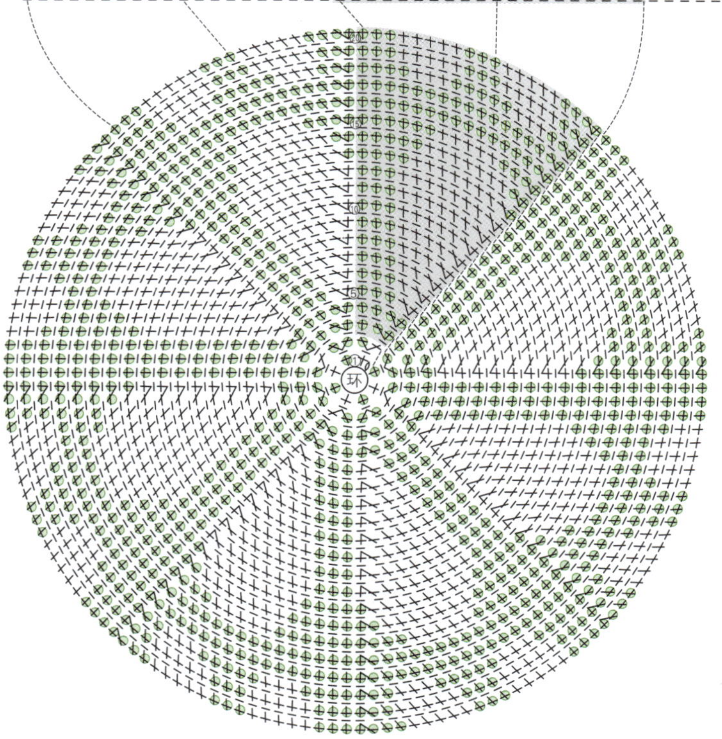

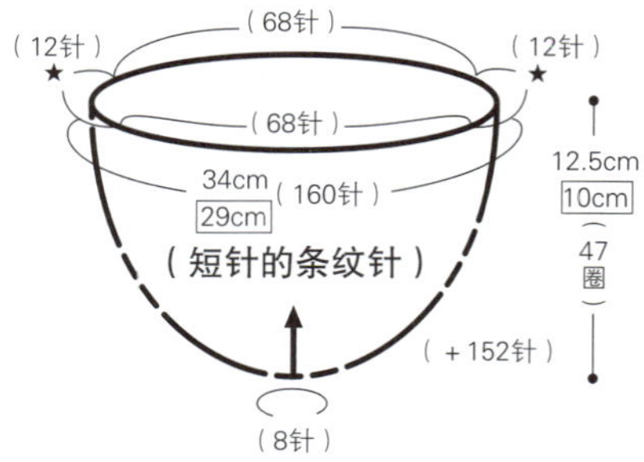

※□内是作品5的尺寸。作品4和5的针数、圈数是相同的

拼合方法

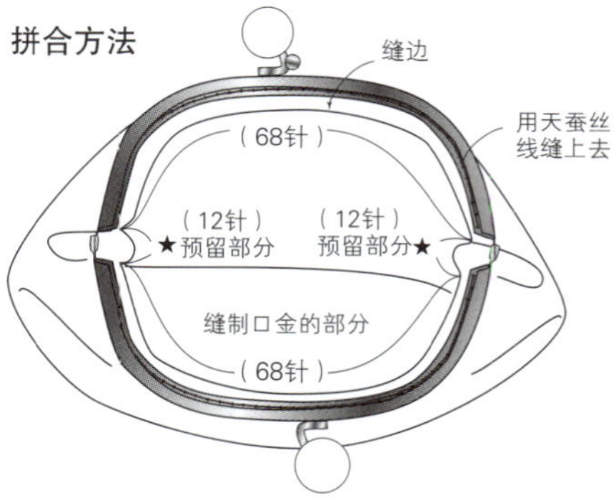

＊ 里袋制作参考p.40，口金安装参考p.42的“基本安装方法”

圈数	针数
47圈 ∫ 21圈	160针
20圈	160针
19圈	152针
18圈	144针
17圈	136针
16圈	128针
15圈	120针
14圈	112针
13圈	104针
12圈	96针
11圈	88针
10圈	80针
9圈	72针
8圈	64针
7圈	56针
6圈	48针
5圈	40针
4圈	32针
3圈	24针
2圈	16针
1圈	8针

（2圈～20圈：+8针）

4
10号Cébélia 线 藏青色（823）25g
古董珠M○ 银色（DBM-41）21g，2080颗
5
8号珠光棉线 浅绿色（368）12g
古董珠○ 本白色（DB-883）21g，2080颗

► = 剪线

○ = 织入串珠的位置

※第1、2圈依照图示少织8颗串珠

6、7 叶状花样 …图片 p.12~13

●材料工具

线…DMC 6 10 号 BABYLO 线 / 7 20 号 Cébélia 线

串珠…MIYUKI 6 古董珠 M/7 古董珠

※ 线和串珠的详细情况参照表格

蕾丝钩针…6 2 号 / 7 4 号

其他…6 MIYUKI 10cm 梳形串珠口金（Z0035049 翡翠色 圆形）/ 7 TOKAI 9cm 宽口金、3 号天蚕丝线（强）各 80cm×2 根

●成品尺寸

6 宽 17cm、高 12.5cm（不含口金）

7 宽 14.5cm、高 10cm（不含口金）

●钩织要领

在线上穿好所需数目的串珠。用线头做环形起针，按照编织图在指定位置织入串珠，从前 1 圈外侧半针内挑线入针，钩织短针的条纹针（参照 p.34）。因为串珠织在织物的反面，所以把反面当作正面来使用。

拼合…作品 6 的里袋适用 10cm 宽的口金，作品 7 的里袋适用 9cm 宽的口金（纸样参照 p.88）。用天蚕丝线把口金缝在包主体上，制作完成。

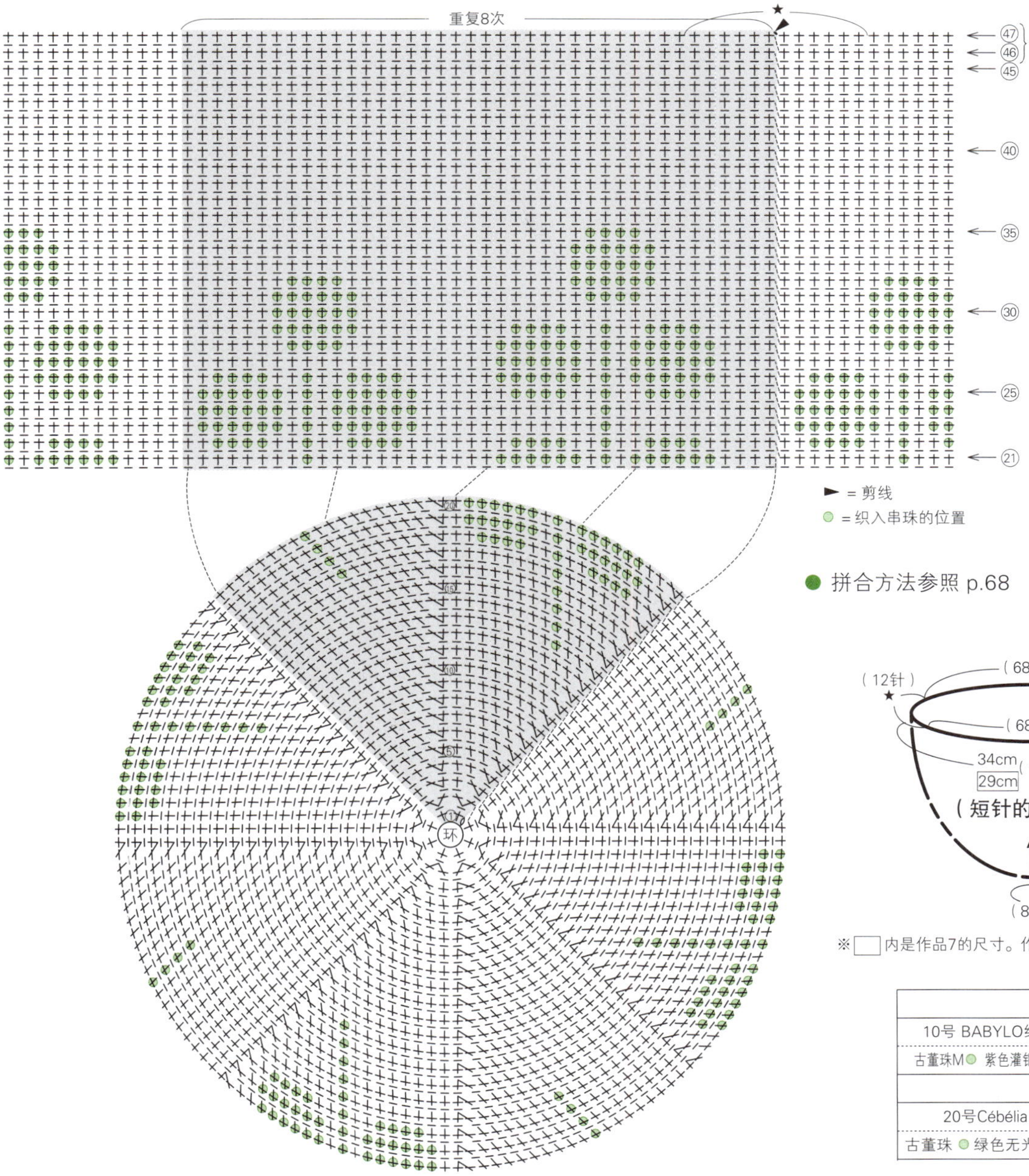

► = 剪线

○ = 织入串珠的位置

● 拼合方法参照 p.68

圈数	针数
47圈～21圈	160针
20圈	160针
19圈	152针
18圈	144针
17圈	136针
16圈	128针
15圈	120针
14圈	112针
13圈	104针
12圈	96针
11圈	88针
10圈	80针
9圈	72针
8圈	64针
7圈	56针
6圈	48针
5圈	40针
4圈	32针
3圈	24针
2圈	16针
1圈	8针

（+8针）

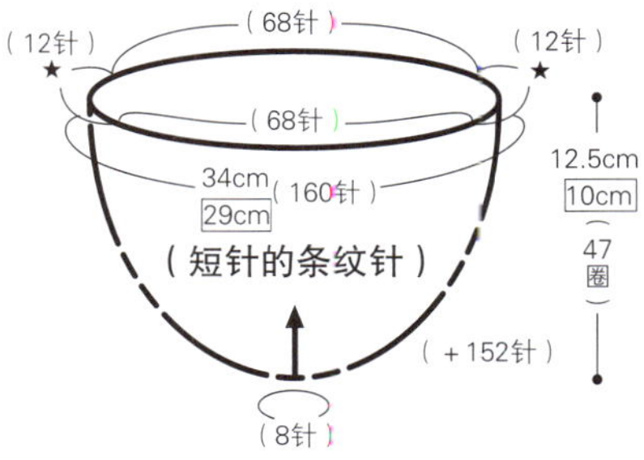

※ □ 内是作品7的尺寸。作品6和7的针数、圈数是相同的

6
10号 BABYLO线 驼色（3864）25g
古董珠M● 紫色灌银（DBM-1204）10g，940颗
7
20号Cébélia 线 驼色（739）14g
古董珠 ● 绿色无光泽（DB-877）5g，940颗

8、9、10 | 珠光闪闪系列 …图片 p.14~15

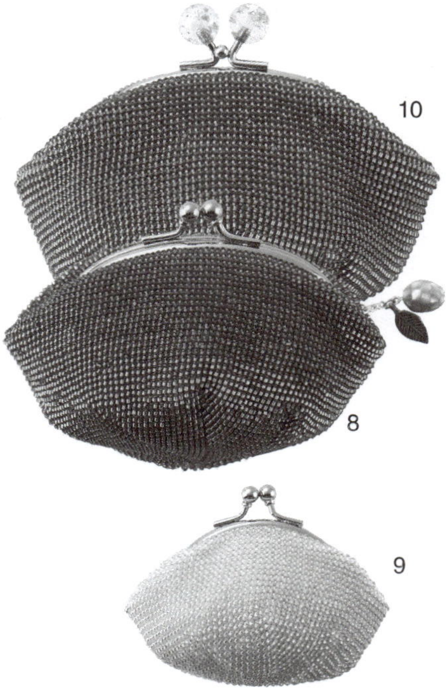

●材料工具

线…DMC 8 8号珠光棉线 / 9 10号 BABYLO 线 / 10 10号 Cébélia 线

串珠…MIYUKI 8 古董珠 / 9 小圆珠 / 10 古董珠 M

※ 线和串珠的详细情况参照表格

蕾丝钩针…8 4号 /9、10 2号

其他…8 TOKAI 9cm 宽口金 / 9 TOKAI 7.5cm 宽口金 /10 MIYUKI 10cm 梳形串珠口金（Z0037040 带金色丝线 圆形）、3号天蚕丝线（强）8、10 各 80cm×2 根 /9 60cm×2 根

●成品尺寸

8 宽 14.5cm、高 10cm（不含口金）

9 宽 12cm、高 8cm（不含口金）

10 宽 17cm、高 12.5cm（不含口金）

●钩织要领

在线上穿好所需数目的串珠。用线头做环形起针，按照编织图在指定位置织入串珠，从前 1 圈外侧半针内挑线入针，钩织短针的条纹针（参照 p.34）。因为串珠织在织物的反面，所以把反面当作正面来使用。

拼合…作品 8 的里袋适用 10cm 的口金，作品 9 适用 7.5cm 的口金，作品 10 适用 10cm 宽的口金（纸样参照 p.88~89）。用天蚕丝线把口金缝在包主体上。作品 9 的口金用平整形安装方法。

9
10号 BABYLO 线　奶油色（745）11g
小圆珠● 黄色（#6 H5002）23g，2624颗

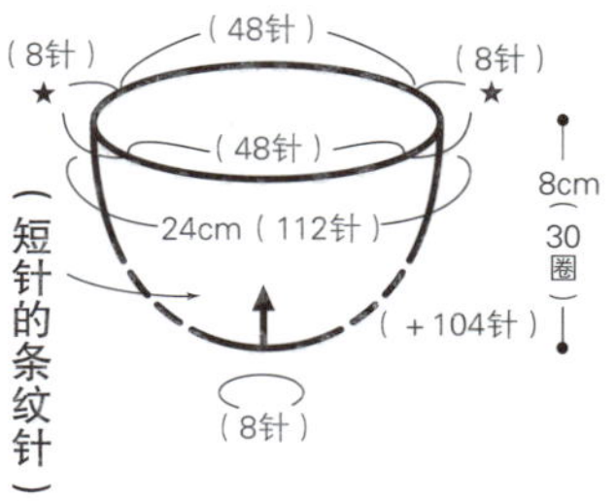

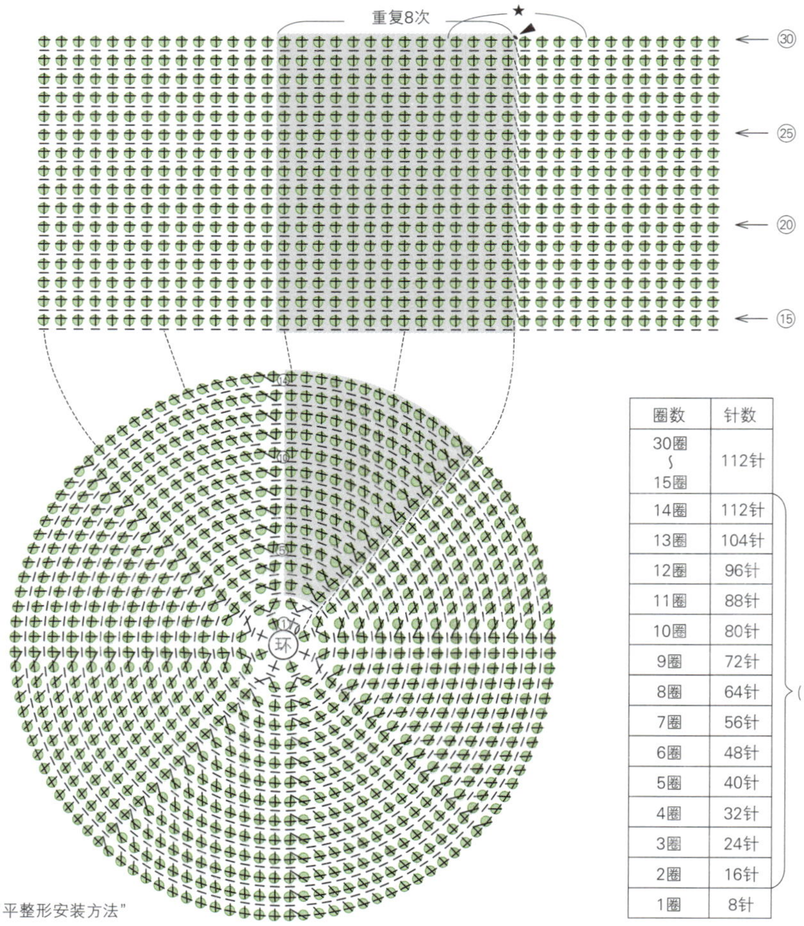

► = 剪线

● = 织入串珠的位置

※第1、2圈依照图示少织8颗串珠

圈数	针数
30圈~15圈	112针
14圈	112针
13圈	104针
12圈	96针
11圈	88针
10圈	80针
9圈	72针
8圈	64针
7圈	56针
6圈	48针
5圈	40针
4圈	32针
3圈	24针
2圈	16针
1圈	8针

（2圈~14圈 +8针）

拼合方法

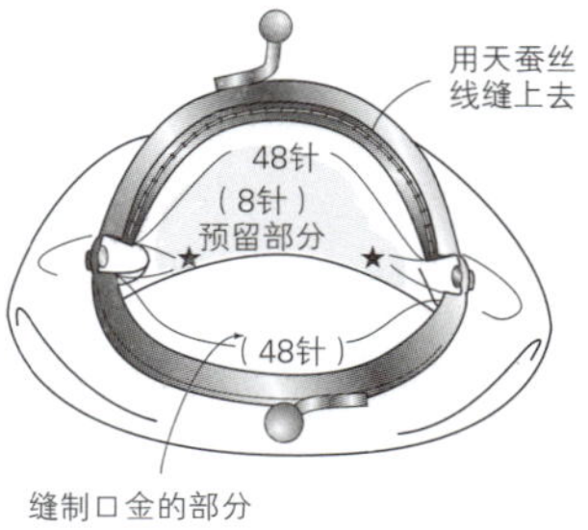

* 里袋制作参考p.40，口金安装参考p.43的“平整形安装方法”

8
8号珠光棉线　灰蕾薇色（3688）15g
古董珠 ● 水晶粉色（DB-1341）28g，5524颗
10
10号Cébélia 线　亮青绿色（964）30g
古董珠M ● 海蓝色灌银（DBM-149）52g，5524颗

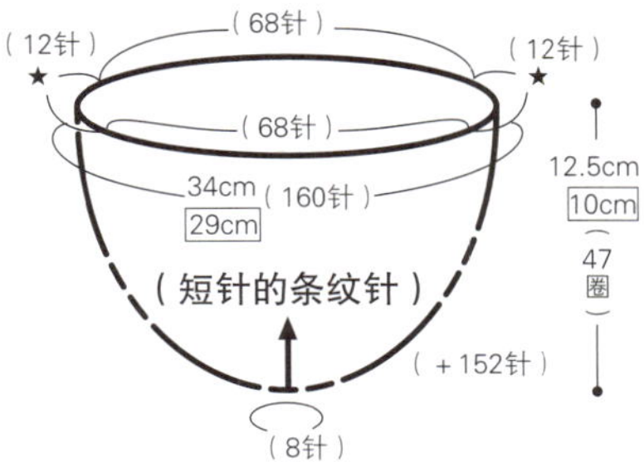

※□内是作品8的尺寸。作品8和10的针数、圈数是相同的

拼合方法

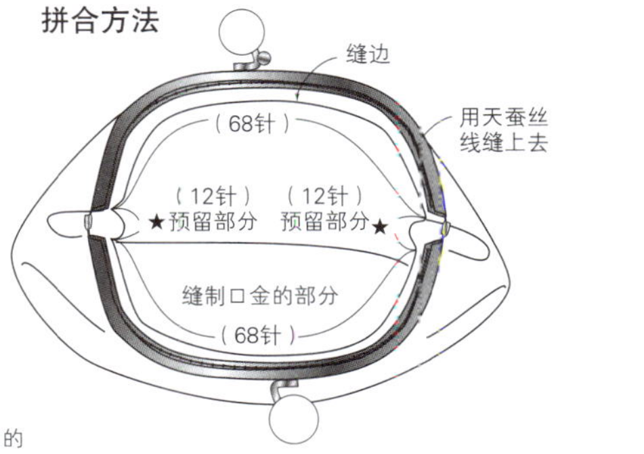

* 里袋制作参考p.40，口金安装参考p 42的“基本安装方法”

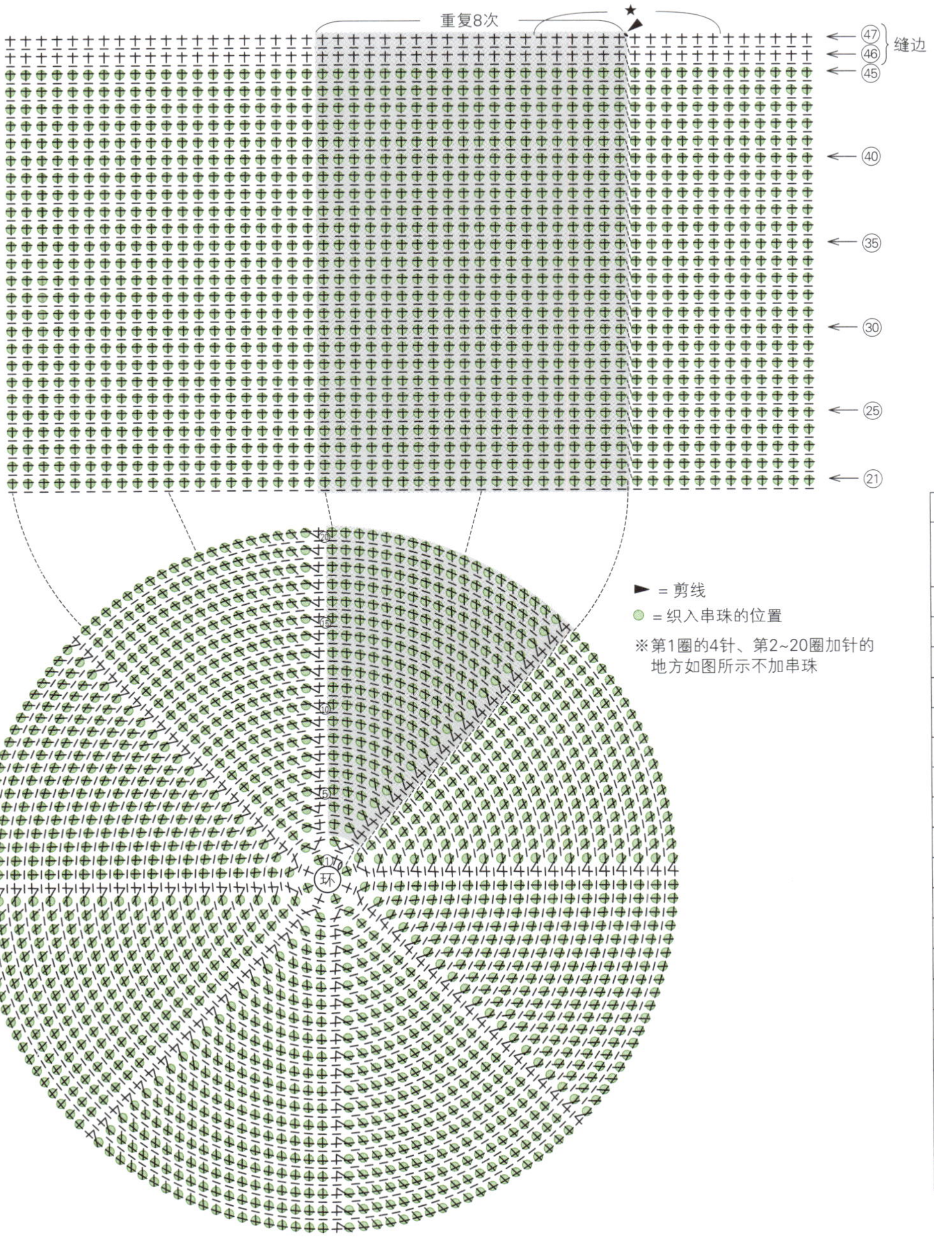

▶ = 剪线

● = 织入串珠的位置

※第1圈的4针、第2~20圈加针的地方如图所示不加串珠

圈数	针数
47圈 ～ 21圈	160针
20圈	160针
19圈	152针
18圈	144针
17圈	136针
16圈	128针
15圈	120针
14圈	112针
13圈	104针
12圈	96针
11圈	88针
10圈	80针
9圈	72针
8圈	64针
7圈	56针
6圈	48针
5圈	40针
4圈	32针
3圈	24针
2圈	16针
1圈	8针

（+8针）（2圈～20圈）

11、12、13 皇冠图案 …图片 p.16~17

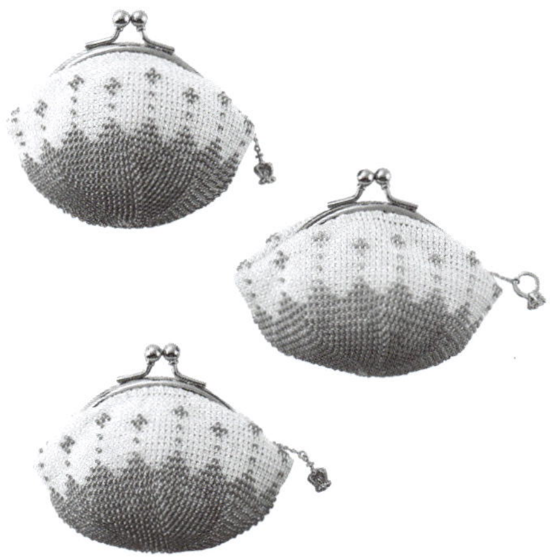

●材料工具

线…DMC 10号Cébélia 线

串珠…MIYUKI 小圆珠

※ 线和串珠的详细情况参照表格

蕾丝钩针…2 号

其他…TOKAI 7.5cm 宽口金各 1 副、3 号天蚕丝线（强）各 60cm×2 根

●成品尺寸

宽 12cm、高 8cm（不含口金）

●钩织要领

在线上穿好所需数目的串珠。用线头做环形起针，按照编织图在指定位置织入串珠，从前 1 圈外侧半针内挑线入针，钩织短针的条纹针（参照 p.34）。因为串珠织在织物的反面，所以把反面当作正面来使用。

拼合…里袋适用 7.5cm 宽的口金（纸样参照 p.89）。用天蚕丝线把口金缝在包主体上，制作完成。注意口金使用平整形安装方法。

	11	12	13
10号 Cébélia 线11g	奶油色（746）		
小圆珠●12g，1304颗	橙色（#1637 H3761）	粉色（#1636 H3760）	淡蓝色（#2029 H5062）

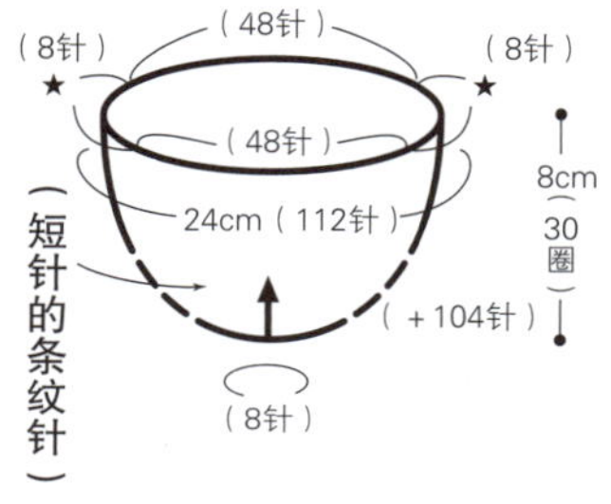

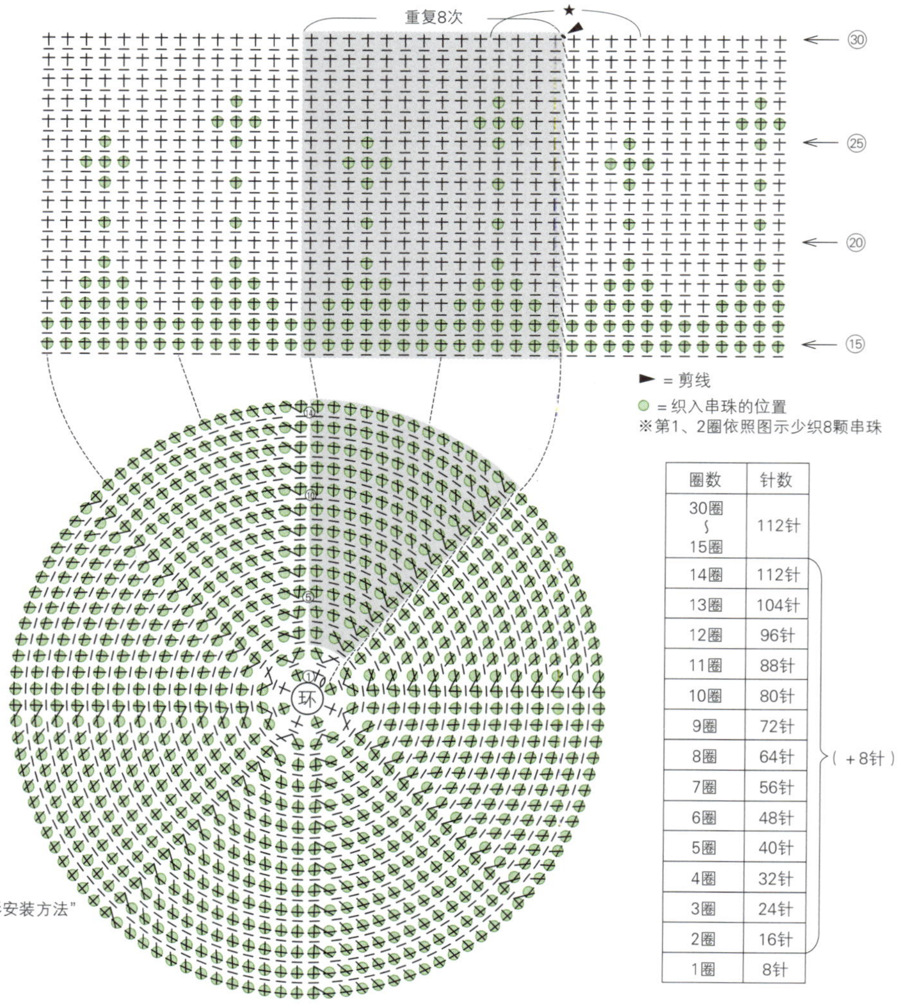

圈数	针数
30圈 ∫ 15圈	112针
14圈	112针
13圈	104针
12圈	96针
11圈	88针
10圈	80针
9圈	72针
8圈	64针
7圈	56针
6圈	48针
5圈	40针
4圈	32针
3圈	24针
2圈	16针
1圈	8针

（2圈～14圈：+8针）

拼合方法

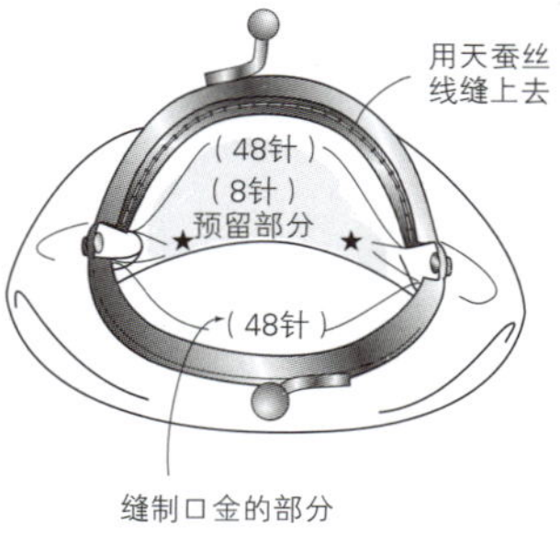

＊ 里袋制作参考p.40，口金安装参考p.43的“平整形安装方法”

14、15 嵌入式水珠图案 …图片 p.18~19

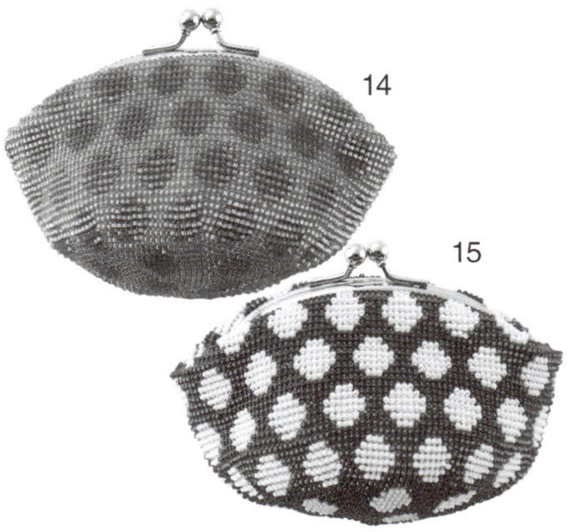

●**材料工具**

线…DMC 8 号珠光棉线

串珠…MIYUKI 古董珠

※ 串珠和线的详细情况参照表格

蕾丝钩针…4 号

其他…TOKAI 9cm 宽口金各 1 副、3 号天蚕丝线（强）各 80cm×2 根

●**成品尺寸**

宽 14.5cm、高 10cm（不含口金）

●**钩织要领**

分别在每根线上穿好所需数目的串珠。用线头做环形起针。按照编织图以及基础线和配色线的编织花样加入串珠，从前 1 圈外侧半针内挑线入针，钩织短针的条纹针（参照 p.34）。编织花样是一边包裹着渡线一边钩织的，为了使针目的高度不突出来，钩织时要注意缩短一下短针的针目。因为串珠织在织物的反面，所以把反面当作正面来使用。

拼合…里袋适用 9cm 宽的口金（纸样参照 p.88）。用天蚕丝线把口金缝在包主体上，制作完成。

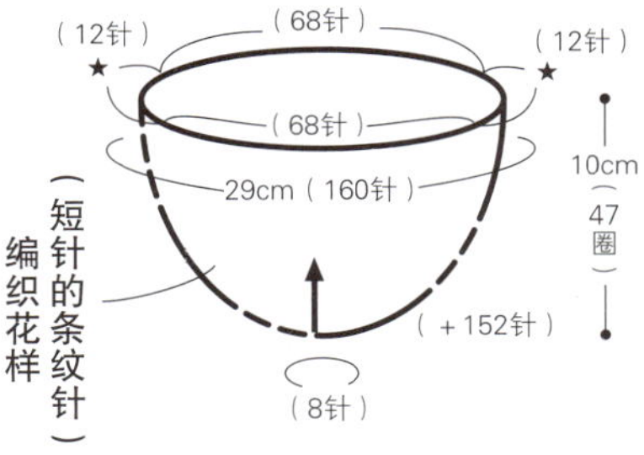

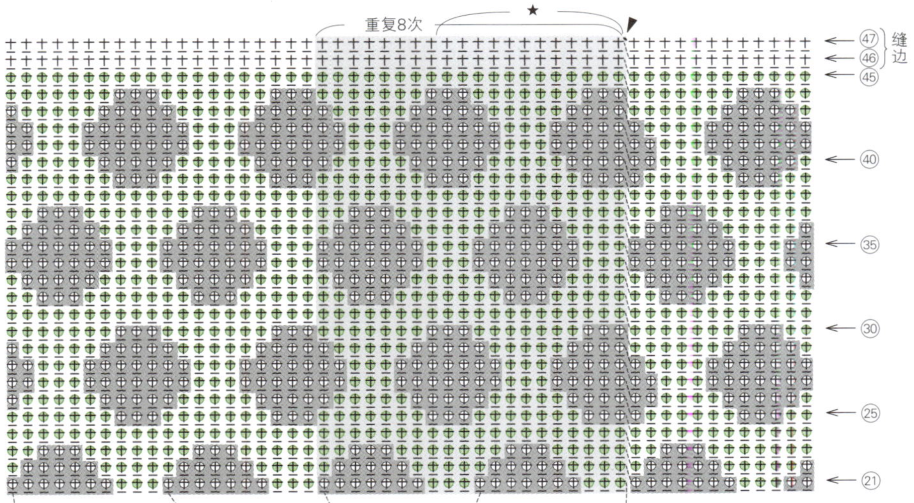

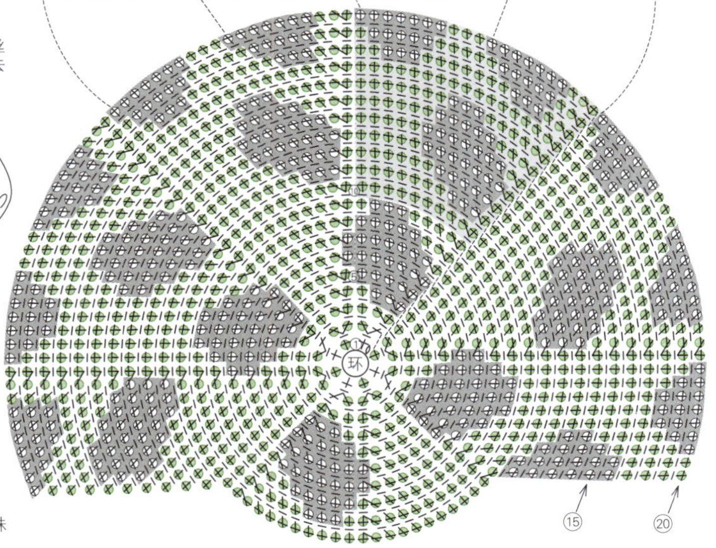

圈数	针数
47圈 ~ 21圈	160针
20圈	160针
19圈	152针
18圈	144针
17圈	136针
16圈	128针
15圈	120针
14圈	112针
13圈	104针
12圈	96针
11圈	88针
10圈	80针
9圈	72针
8圈	64针
7圈	56针
6圈	48针
5圈	40针
4圈	32针
3圈	24针
2圈	16针
1圈	8针

（2圈~20圈：+8针）

拼合方法

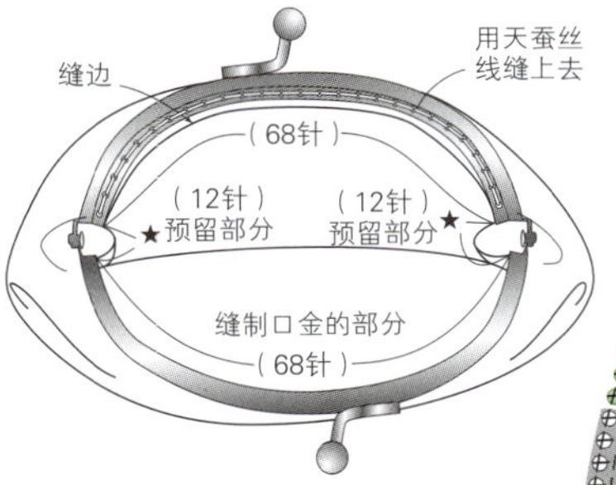

* 里袋制作参考p.40，口金安装参考p.42的“基本安装方法”

► = 剪线

○● = 织入串珠的位置

※第1、2圈依照图示少织8颗串珠

	14		15	
	基础色	配色	基础色	配色
8号珠光棉线	□ 橙色（741）9g	■ 蔷薇粉色（3687）6g	□ 赤茶色（920）9g	■ 浅驼色（739）6g
古董珠	● 橙色灌银（DB-45）18g，3392颗	○ 蔷薇粉色（DB-1808）12g，2280颗	● 红宝石色灌银（DB-1202）18g，3392颗	○ 奶油色无光泽（DB-762）12g，2280颗

16 棋盘格纹 …图片 p.20

●材料工具

线…DMC 10 号 Cébélia 线

串珠…MIYUKI 古董珠 M

※ 串珠和线的详细情况参照表格

蕾丝钩针…2 号

其 他 …MIYUKI 10cm 梳 形 串 珠 口 金（Z0035051 黄色 圆形）、3 号天蚕丝线（强）80cm×2 根

●成品尺寸

宽 17cm、高 12.5cm（不含口金）

●钩织要领

在线上穿好所需数目的串珠。用线头做环形起针。按照编织图在指定位置加入串珠（参照 p.34），从前 1 圈外侧半针内挑线入针，钩织短针的条纹针。在指定圈变换基础线和配色线，换线时注意不要让线头出现在表面。因为串珠织在织物的反面，所以把反面当作正面来使用。

拼合…里袋适用 10cm 宽的口金（纸样参照 p.88）。用天蚕丝线把口金缝在包主体上，制作完成。

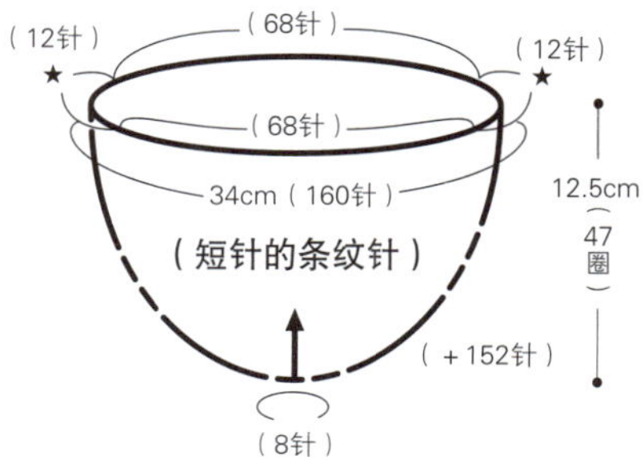

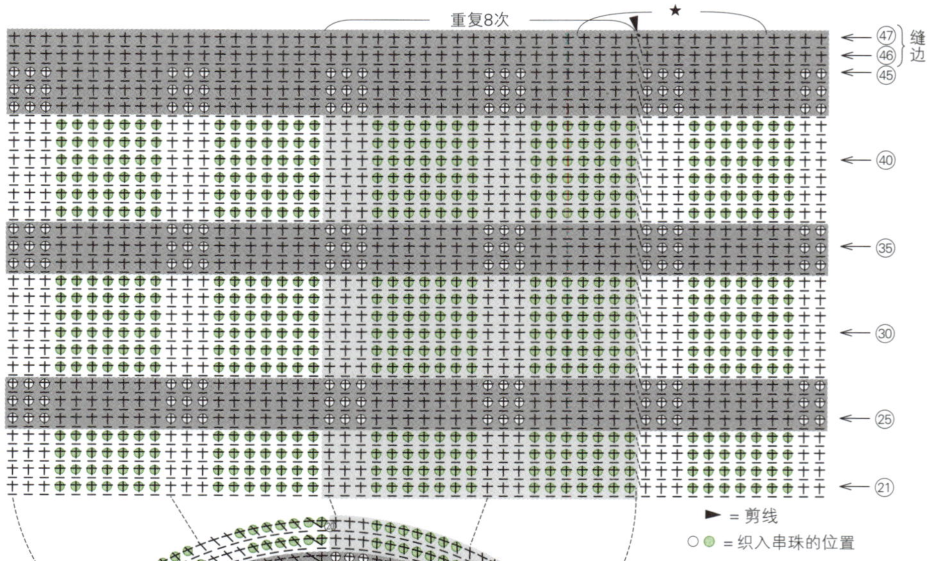

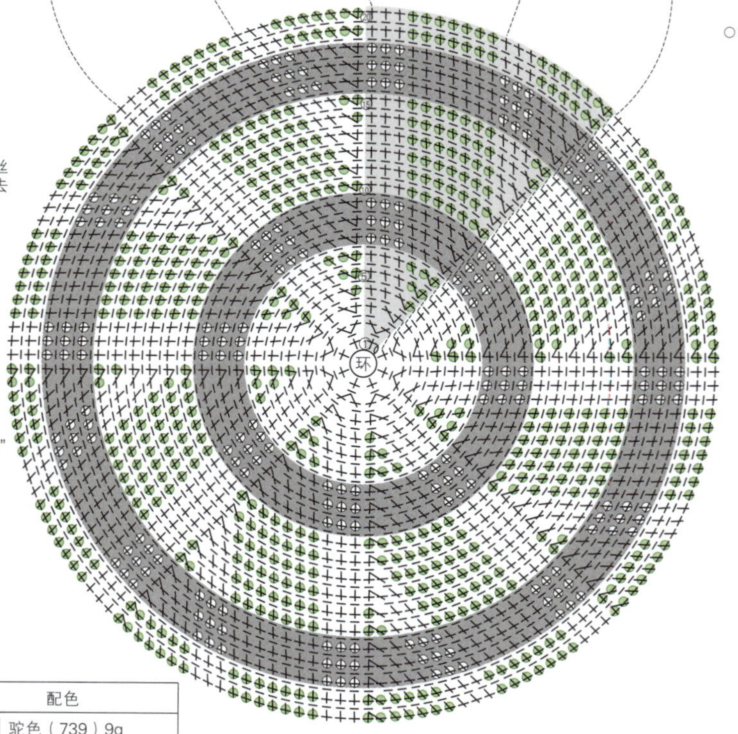

圈数	针数
47圈 ∫ 21圈	160针
20圈	160针
19圈	152针
18圈	144针
17圈	136针
16圈	128针
15圈	120针
14圈	112针
13圈	104针
12圈	96针
11圈	88针
10圈	80针
9圈	72针
8圈	64针
7圈	56针
6圈	48针
5圈	40针
4圈	32针
3圈	24针
2圈	16针
1圈	8针

（＋8针）

拼合方法

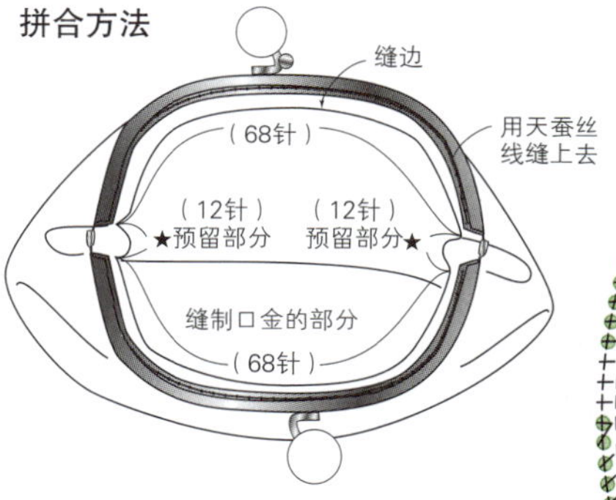

＊ 里袋制作参考p.40，口金安装参考p.42的“基本安装方法”

● 织物样品的配色… p.75

	基础色	配色
10号Cébélia 线	□ 驼色（739）16g	■ 驼色（739）9g
古董珠	● 浅桃红色（DBM-902）25g，2416颗	○ 紫粉色（DBM-1104）7g，648颗

2 条纹图案 …图片 p.8

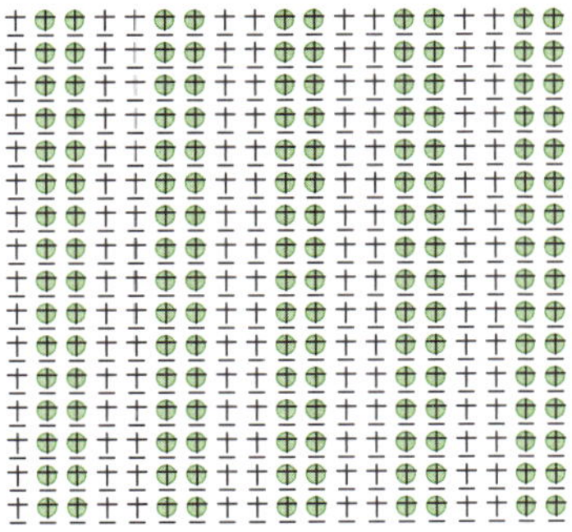

样品配色

	黄色	粉色	橙色
8号珠光棉线	浅黄色（727）	灰粉色（335）	黄褐色（402）
古董珠 ●	珍珠绿色（DB-163）	蔷薇粉色（DB-282）	奶油色（DB-732）

3 圆圈图案 …图片 p.9

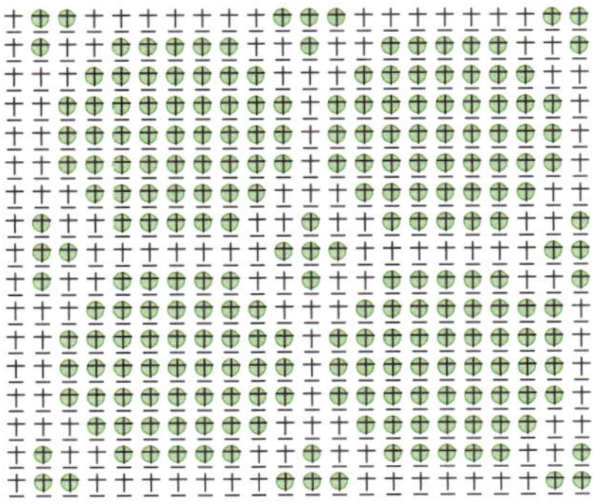

样品配色

	海蓝色	蔷薇色	蓝色
8号珠光棉线	深青色（930）	草莓色（600）	亮青绿色（993）
古董珠 ●	奶油色（DB-732）	奶油色（DB-732）	奶油色（DB-732）

16 棋盘格纹 …图片 p.20

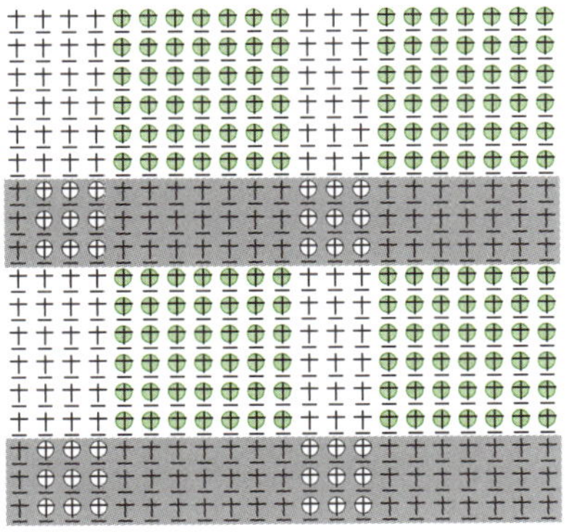

样品配色

		基础色	配色
绿色	10号Cébélia 线	□ 驼色（739）	■ 驼色（739）
	古董珠 M	● 绿色无光泽（DBM-877）	○ 焦茶色（DBM-715）
红色	10号Cébélia 线	□ 奶油色（746）	■ 奶油色（746）
	古董珠 M	● 红色（DBM-723）	○ 黑色无光泽（DBM-310）

21 菱形格纹 …图片 p.27

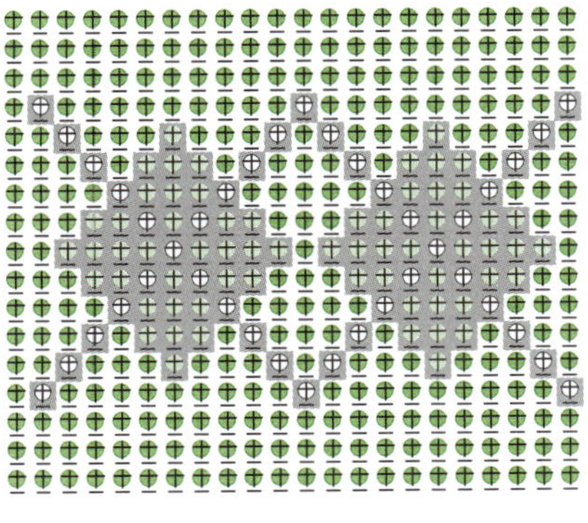

样品配色

		基础色	配色
绿色	10号Cébélia 线	□ 绿色（989）	■ 绿色（989）
	古董珠 M	● 黄绿色（DBM-712）	● 海蓝色灌银（DBM-149） ○ 橙色（DBM-722）
红色	10号Cébélia 线	□ 黄色（726）	■ 白色（B5200）
	古董珠 M	● 黄色无光泽（DBM-854）	● 白色无光泽（DBM-351） ○ 粉色（DBM-914）

17、18 花朵图案 …图片 p.22

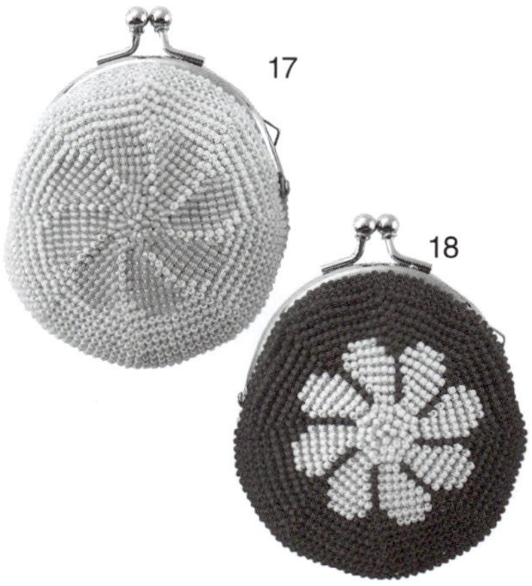

● **材料工具**

线…DMC 8 号珠光棉线

串珠…MIYUKI 古董珠

※ 串珠和线的详细情况参照表格

蕾丝钩针…4 号

其他…TOKAI 6cm 宽的口金、3 号天蚕丝线（强）各 35cm×2 根

● **成品尺寸**

宽 7.5cm、高 7.2cm（不含口金）

● **钩织要领**

分别在每根线上穿好所需数目的串珠。用线头做环形起针。按照编织图以及基础线和配色线的编织花样加入串珠，从前 1 圈外侧半针内挑线入针，钩织短针的条纹针（参照 p.34）。编织花样是一边包裹着渡线一边钩织的，为了使针目的高度不突出来，钩织时要注意缩短一下短针的针目。因为串珠织在织物的反面，所以把反面当作正面来使用。

拼合…把两块织物合在一起（有串珠的一面放在外边），挑起底部（从★到★）最终圈的短针的头两针，用卷针缝的缝合方式缝在一起。装上里袋，用天蚕丝线把口金缝在包主体上，制作完成。口金适用平整形安装方法。

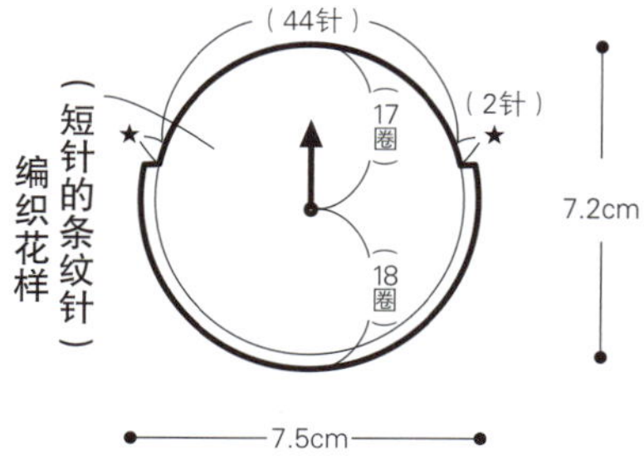

	17		18	
	8号珠光棉线	古董珠	8号珠光棉线	古董珠
A面	□ 明黄色（743）3g	● 黄色（DB-1582）5g，908颗	□ 深红色（321）3g	● 红色无光泽（DB-753）5g，908颗
	■ 银白色（822）1g	○ 浅灰色（DB-1286）2g，320颗	■ 浅驼色（739）1g	○ 本白色（DB-833）2g，320颗
B面	□ 驼色（738）3g	● 金茶色无光泽（DB-852）5g，908颗	□ 浅驼色（739）3g	● 本白色（DB-833）5g，908颗
	■ 紫红色（718）1g	○ 紫红色（DB-281）2g，320颗	■ 深红色（321）1g	○ 红色无光泽（DB-753）2g，320颗

► = 剪线

○● = 织入串珠的位置

※第1、2圈依照图示少织8颗串珠

圈数	针数	
18圈	64针	参照图示
17圈	108针	参照图示
15、16圈	112针	
14圈	112针	（+8针）
13圈	104针	（+8针）
12圈	96针	（+8针）
11圈	88针	（+8针）
10圈	80针	（+8针）
9圈	72针	（+8针）
8圈	64针	（+8针）
7圈	56针	（+8针）
6圈	48针	（+8针）
5圈	40针	（+8针）
4圈	32针	（+8针）
3圈	24针	（+8针）
2圈	16针	（+8针）
1圈	8针	

作品17、18的里袋
与实物等大的纸样 2张

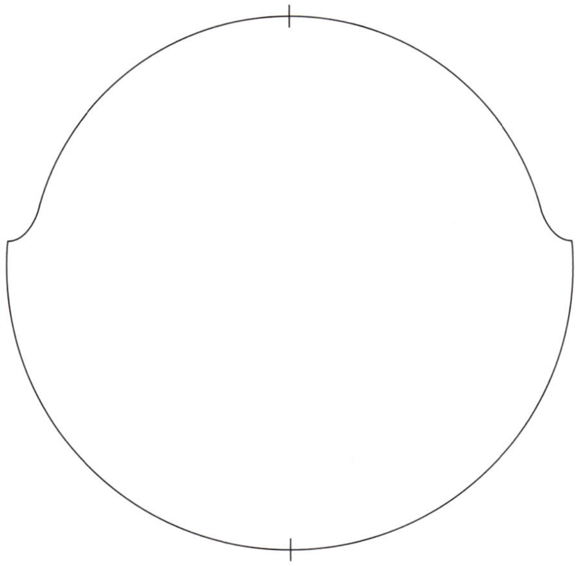

里袋的制作方法

裁布的时候留5~6mm的缝份

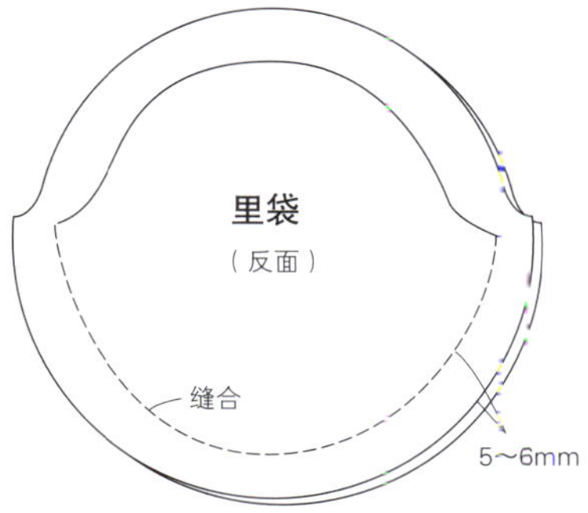

将两块布料正面相对，下侧短1cm。

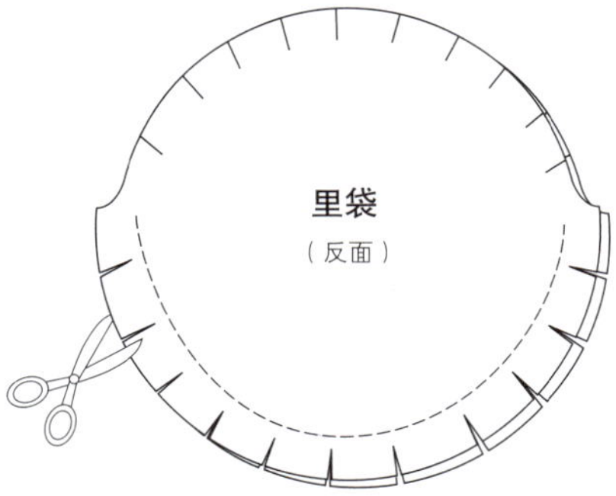

把周围的缝份剪开几处牙口。

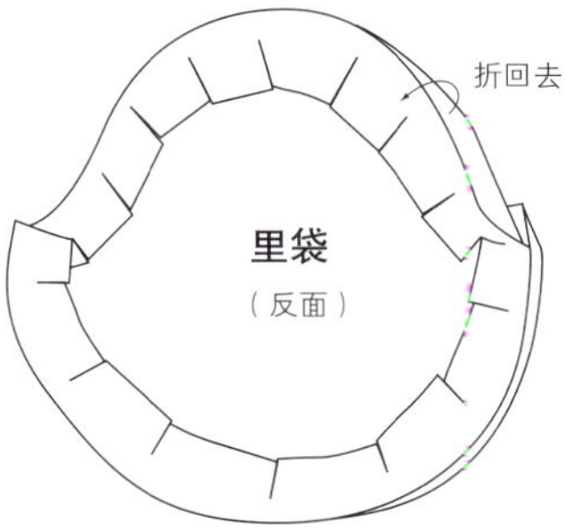

把缝份折回去后用熨斗熨一下，整理好形状。然后把里袋开口的部分缝到包主体最终圈下侧短针的条纹针上。

拼合方法

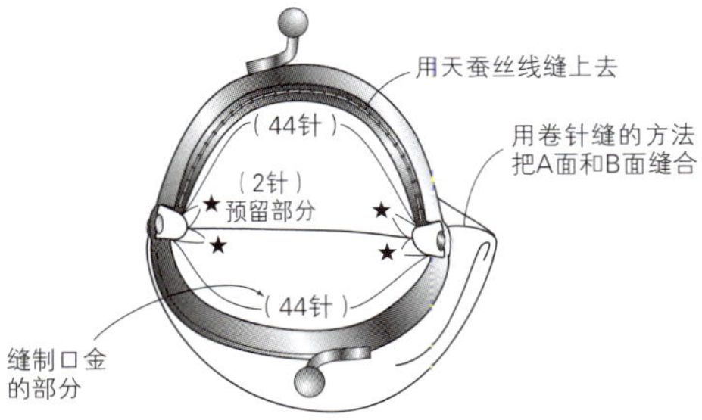

* 里袋制作参考p.40，口金安装参考p.43的“平整形安装方法”

25 小荷包〈格子〉…图片 p.46

●材料工具

线…DMC 8 号珠光棉线

串珠…MIYUKI 古董珠

※ 串珠和线的详细情况参照表格

蕾丝钩针…4 号

其他…绳子 35cm、棉花

●成品尺寸

宽 7.3cm、高 6.5cm

●钩织要领

分别在每根线上穿好所需数目的串珠。用线头做环形起针，按照编织图以及基础线和配色线的编织花样织入串珠，从前 1 圈外侧半针内挑线入针，钩织 26 圈短针的条纹针（参照 p.34）。编织花样是一边包裹着渡线一边钩织的，为了使针目的高度不突出来，钩织时要注意缩短一下短针的针目。第 27 圈钩织短针的条纹针，第 28~31 圈钩织短针，织第 29 圈时要做出穿绳孔。因为串珠织在织物的反面，所以把反面当作正面来使用。

拼合…适用于小荷包的里袋（纸样参照 p.81）。依照图示把绳子穿过事先留好的穿绳孔，打个结，然后再固定上小球，以避免绳子滑出来。

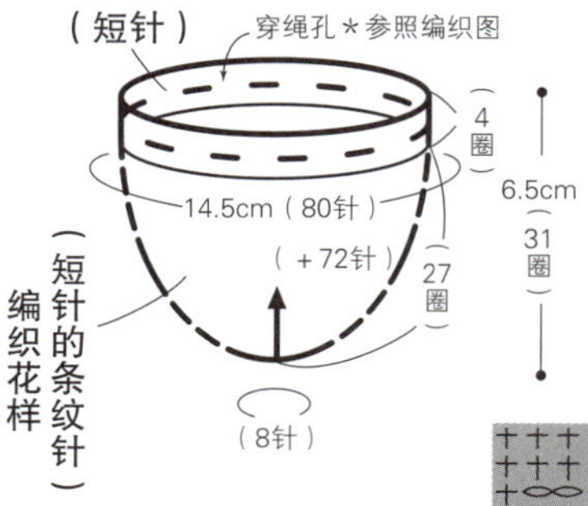

	基础色	配色、小球
8号珠光棉线	黄绿色（704）5g	蛋黄色（744）2g
古董珠	○ 浅绿色（DB-754）6g，1184颗	● 金茶极光色（DBC-100）3g，528颗 ● 小球，76颗

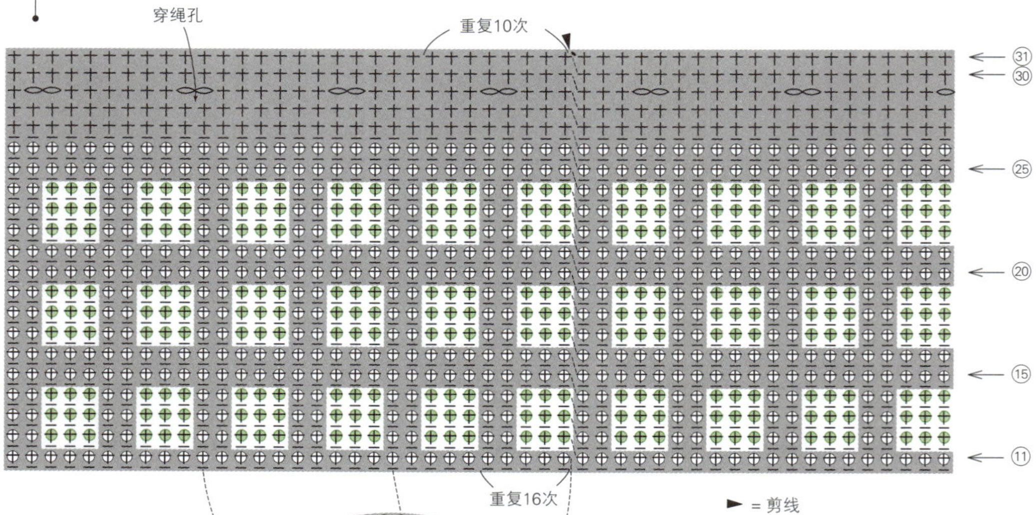

► ＝剪线

●○ ＝织入串珠的位置

※第1、2圈依照图示少织8颗串珠

● 拼合方法、里袋纸样…p.81

小球（绳子末端用）

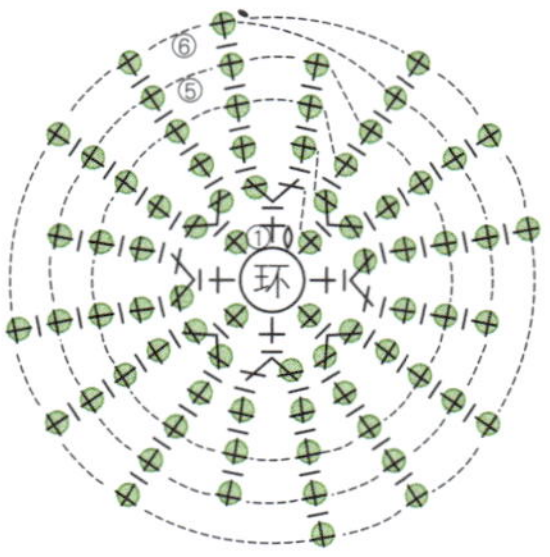

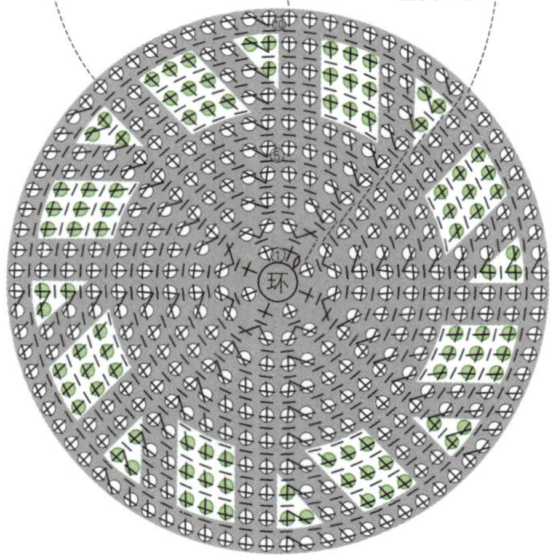

圈数	针数
31圈 ∫ 11圈	80针
10圈	80针
9圈	72针
8圈	64针
7圈	56针
6圈	48针
5圈	40针
4圈	32针
3圈	24针
2圈	16针
1圈	8针

（＋8针）（2圈～10圈）

26 小荷包〈棋盘格纹〉…图片 p.46

材料工具

线…DMC 8 号珠光棉线

串珠…MIYUKI 古董珠

※ 串珠和线的详细情况参照表格

蕾丝钩针…4 号

其他…绳子 35cm、棉花

成品尺寸

宽 7.3cm、高 6.5cm

钩织要领

分别在每根线上穿好所需数目的串珠。用线头做环形起针，按照编织图以及基础线和配色线的编织花样织入串珠，从前 1 圈外侧半针内挑线入针，钩织 26 圈短针的条纹针（参照 p.34）。编织花样是一边包裹着渡线一边钩织的，为了使针目的高度不突出来，钩织时要注意缩短一下短针的针目。第 27 圈钩织短针的条纹针，第 28~31 圈钩织短针，钩织第 29 圈时要做出穿绳孔。因为串珠织在织物的反面，所以把反面当作正面来使用。

拼合…适用于小荷包的里袋（纸样参照 p.81）。依照图示把绳子穿过事先留好的穿绳孔，打个结，然后再固定上小球，以避免绳子滑出来。

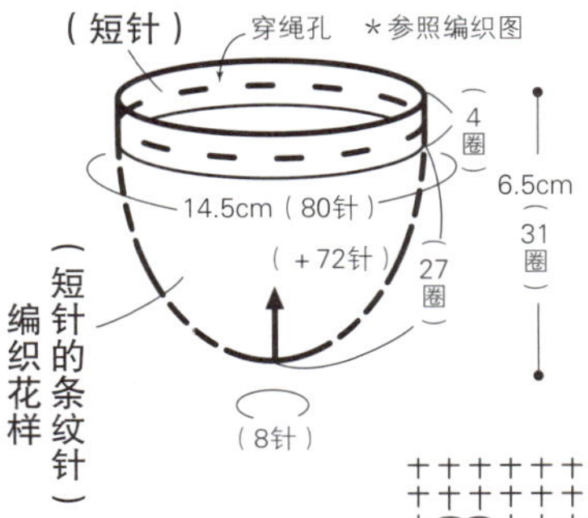

	基础色、小球	配色
8号珠光棉线	□ 深红色（347）4g	▨ 黄褐色（402）2g
古董珠	● 浅灰色（DB-282）6g，1088颗 ● 小球，76颗	○婴儿粉色（DBC-62）3g，624颗

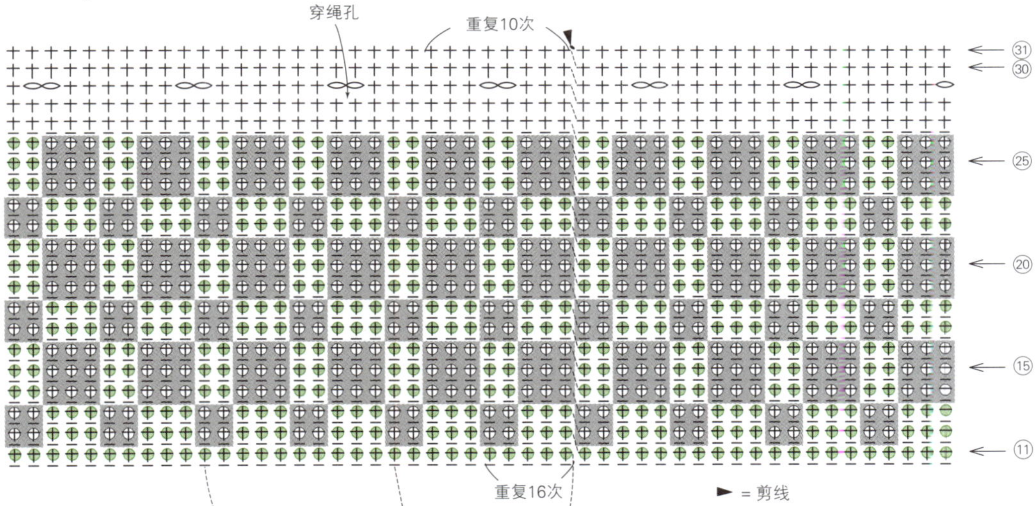

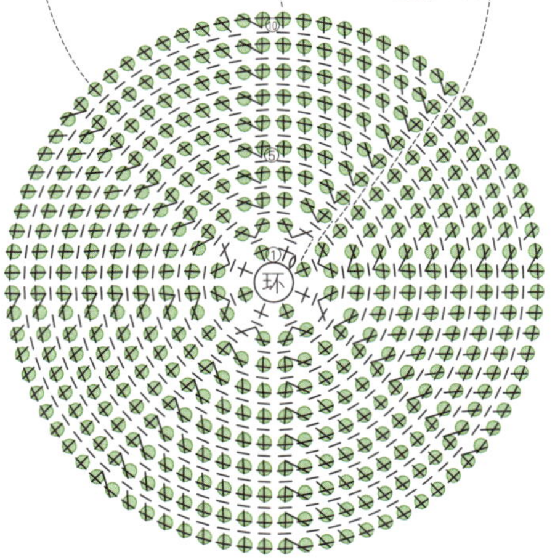

► ＝剪线

●○ ＝织入串珠的位置

※第1、2圈依照图示少织8颗串珠

● 拼合方法、里袋纸样…p.81

小球（绳子末端用）

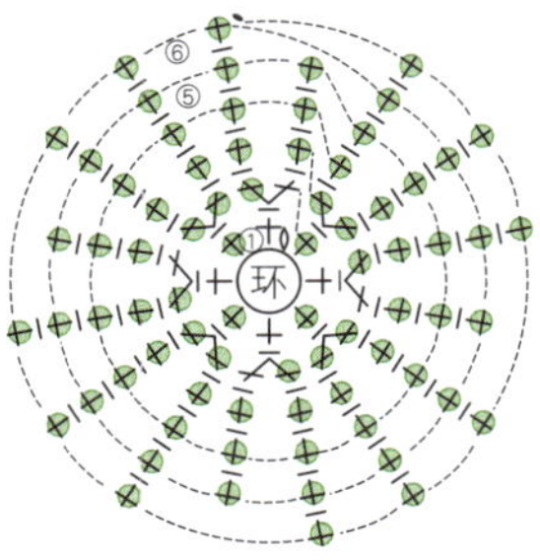

圈数	针数	
31圈 ∫ 11圈	80针	
10圈	80针	（＋8针）
9圈	72针	
8圈	64针	
7圈	56针	
6圈	48针	
5圈	40针	
4圈	32针	
3圈	24针	
2圈	16针	
1圈	8针	

27 小荷包〈双色无纹〉…图片 p.46

●材料工具

线…DMC 8 号珠光棉线

串珠…MIYUKI 古董珠

※ 串珠和线的详细情况参照表格

蕾丝钩针…4 号

其他…绳子 35cm、棉花

●成品尺寸

宽 7.3cm、高 6.5cm

●钩织要领

按指定顺序在线上穿好所需数目的串珠。用线头做环形起针，按照编织图织入串珠，从前 1 圈外侧半针内挑线入针，钩织 26 圈短针的条纹针（参照 p.34）。第 27 圈开始换成配色线，钩织短针的条纹针，第 28~31 圈钩织短针，钩织第 29 圈时要做出穿绳孔。因为串珠织在织物的反面，所以把反面当作正面来使用。

拼合…适用于小荷包的里袋（纸样参照 p.81）。依照图示把绳子穿过事先留好的穿绳孔，打个结，然后再固定上小球，以避免绳子滑出来。

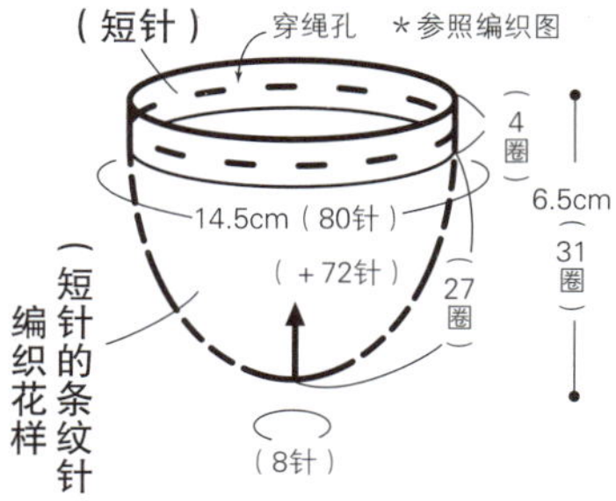

8号珠光棉线	浅驼色（739）6g	黄褐色（402）1g
古董珠	○ 水绿色灌银（DB-691）3g，592颗 ● 柠檬色（DB—743）6g，1120颗 ● 小球，76颗	

穿串珠方法

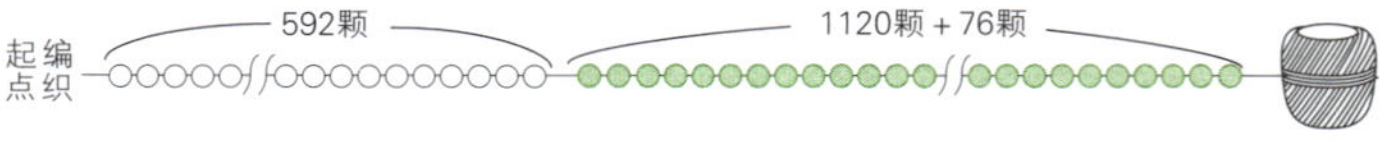

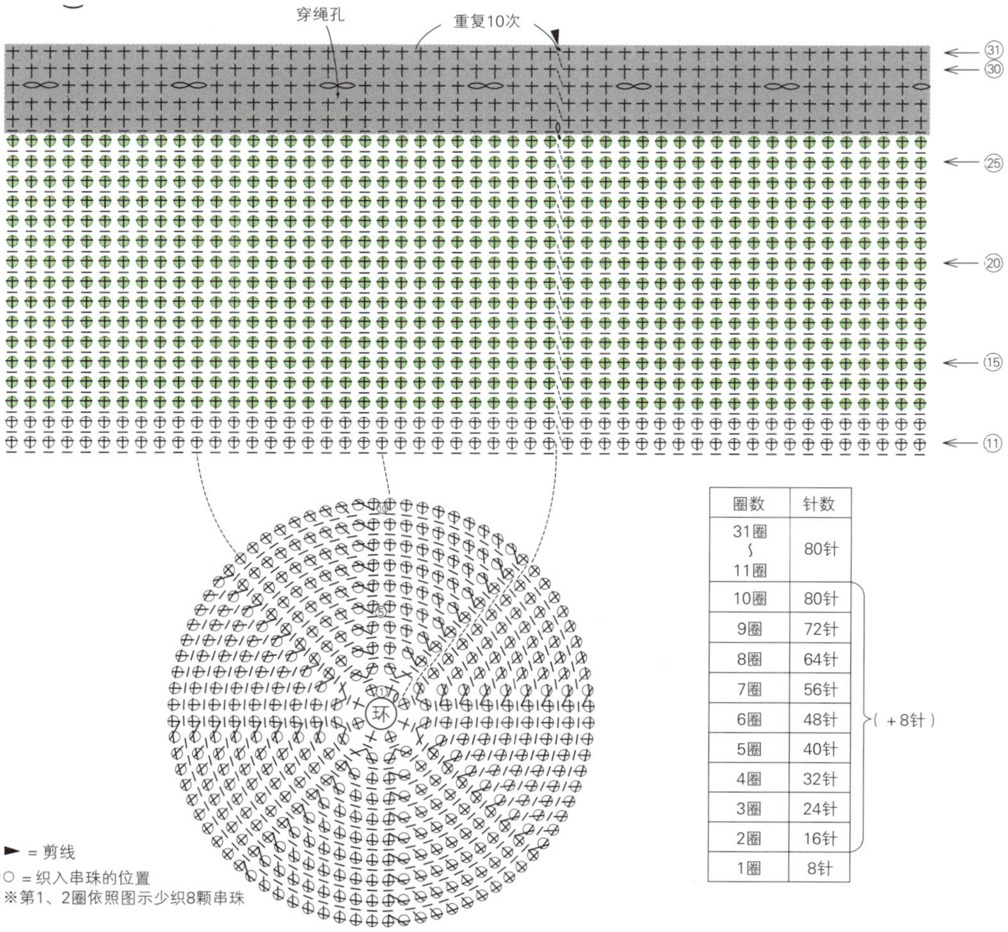

圈数	针数
31圈 ∫ 11圈	80针
10圈	80针
9圈	72针
8圈	64针
7圈	56针
6圈	48针
5圈	40针
4圈	32针
3圈	24针
2圈	16针
1圈	8针

（2圈～10圈：＋8针）

小球（绳子末端用）

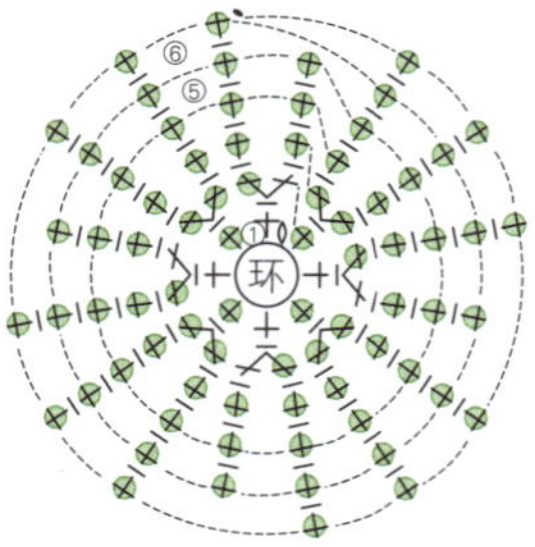

► ＝剪线

●○ ＝织入串珠的位置

※第1、2圈依照图示少织8颗串珠

作品25、26、27小荷包用的里袋，与实物等大纸样

＊ 里袋制作参考p.40，制作完成后，缝到小荷包主体第27圈下边的条纹上

拼合方法

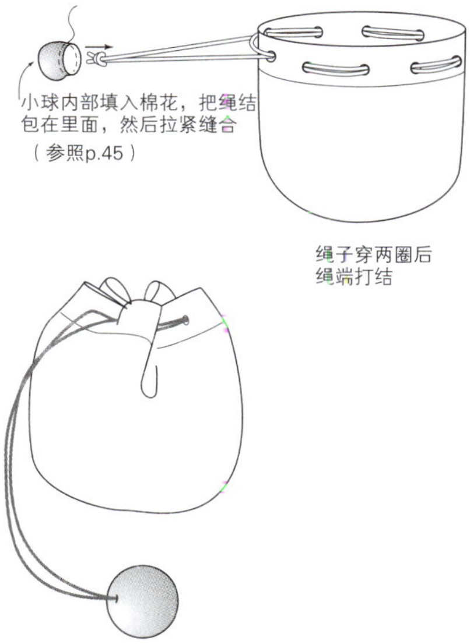

● 接 p.59 的条状发夹

a 千鸟格

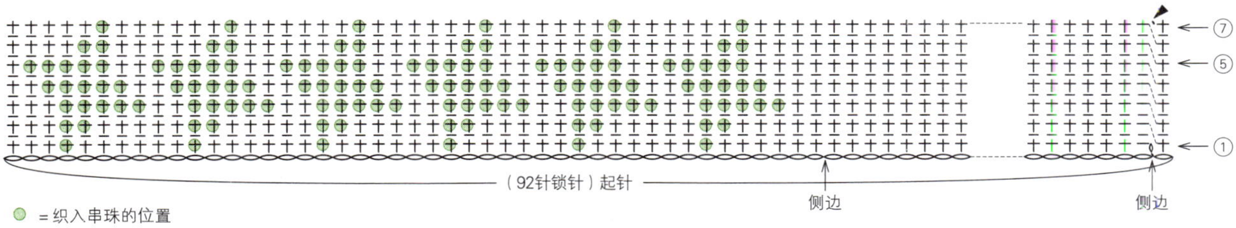

● = 织入串珠的位置

► = 剪线

30 飞镖发花 …图片 p.53

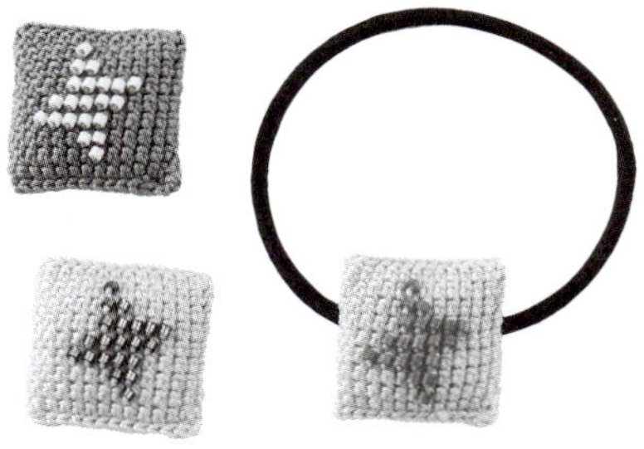

●**材料工具**

线…DMC 10 号 Cébélia 线

串珠…MIYUKI 古董珠 M

※ 串珠和线的详细情况参照表格

蕾丝钩针…2 号

其他…束发用橡皮圈、胸针、棉花

●**成品尺寸**

约 2.5cm×2.5cm（主体）

●**钩织要领**

在线上穿好所需数目的串珠。钩织 26 针锁针起针，然后在最初的锁针上钩织 1 针引拔针，连成圈。只在第 1 圈钩织 1 针锁针作为立针，按照编织图在指定位置织入串珠，从前 1 圈外侧半针内挑线入针，钩织 9 圈短针的条纹针，呈圆筒状。因为串珠织在织物的反面，所以把反面当作正面来使用。

拼合…折叠织物，把起针与收针的交界线作为侧边，塞入棉花后上下缝合。参照拼合方法，把束发用橡皮圈或者胸针缝在织物的反面。

	10号Cébélia 线　各1g	古董珠 M ● 各21颗
橡皮圈	驼色（739）	樱桃红色（DBM–856）
胸针（黄绿色×黄色）	黄绿色（989）	黄色（DBM–721）
胸针（黄色×蓝色）	黄色（726）	海蓝色灌银（DBM–149）

拼合方法

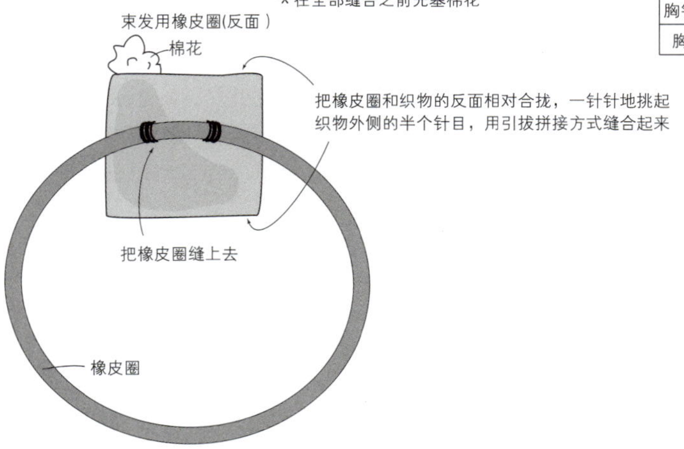

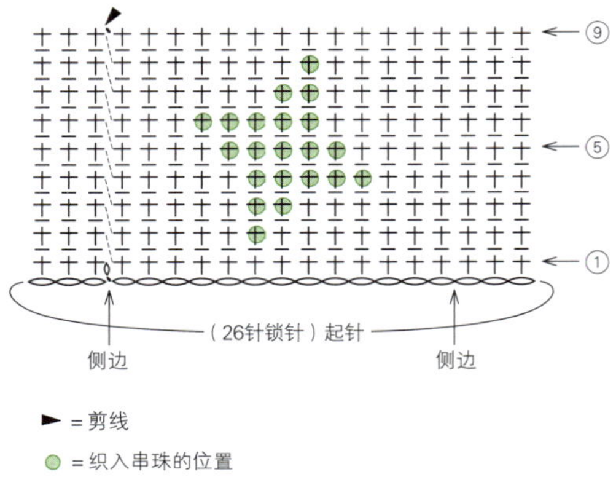

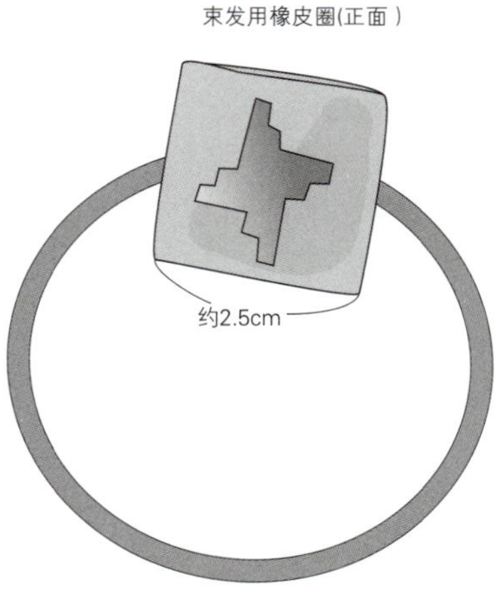

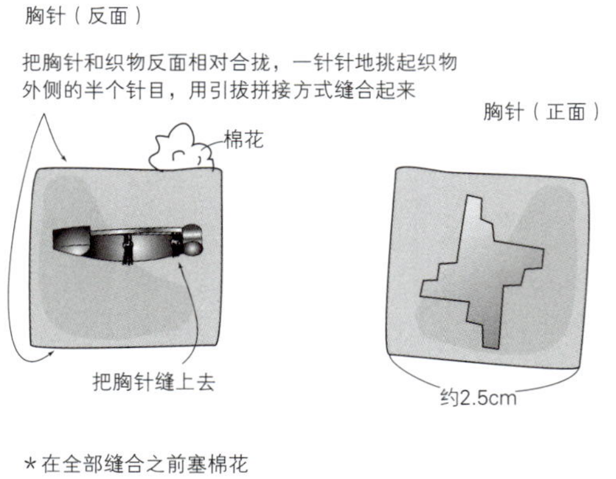

31 方格发夹 …图片 p.53

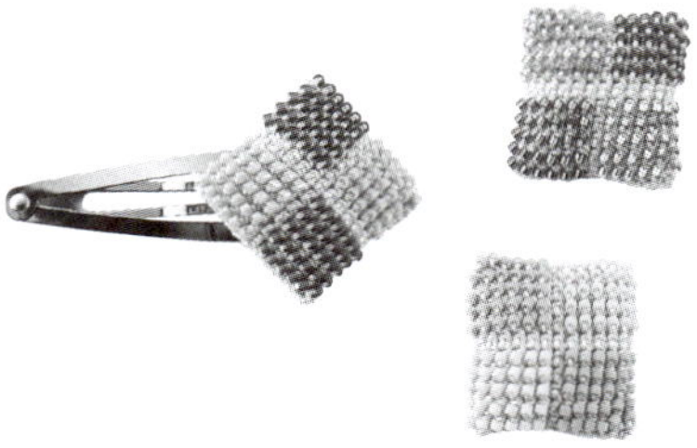

●材料工具

线…DMC 8 号珠光棉线

串珠…MIYUKI 古董珠

※ 串珠和线的详细情况参照表格

蕾丝钩针…4 号

其他…发卡、胸针、棉花

●成品尺寸

约 2.5cm×2.5cm（主体）

●钩织要领

按指定顺序在线上穿好所需数目的串珠。钩织 26 针锁针起针，然后在最初的锁针上钩织 1 针引拔针，连成圈。只在第 1 圈钩织 1 针锁针作为立针，参照编织图在指定位置上织入串珠，从前 1 圈外侧半针内挑线入针，钩织 11 圈短针的条纹针，呈圆筒状。因为串珠织在织物的反面，所以把反面当作正面来使用。

拼合…折叠织物，把起针与收针的交界线作为侧边，塞入棉花后上下缝合。参照拼合方法，把发卡或是胸针缝在织物的反面。

	8号珠光棉线　各少许	古董珠　各色60颗
发卡	浅驼色（739）	●贝壳粉色（DB－207）○ 茶色（DB－764）
胸针（粉色×黄绿色）		●玫红粉色（DBM－1341）○ 黄绿色（DB－1206）
胸针（黄色×淡蓝色）		●黄色（DB–1582）○ 淡蓝色（DB–878）

拼合方法

＊在全部缝合之前塞棉花

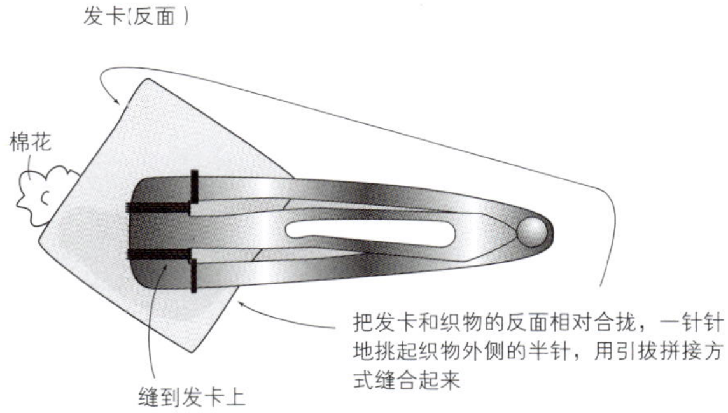

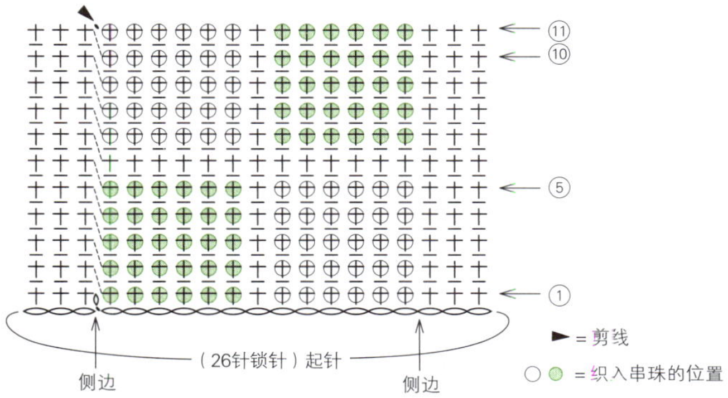

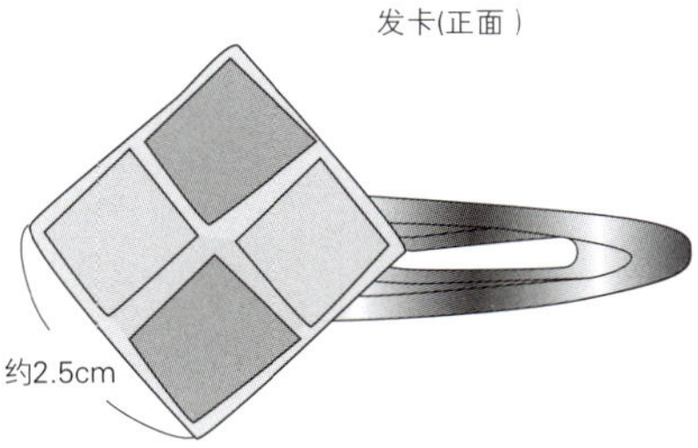

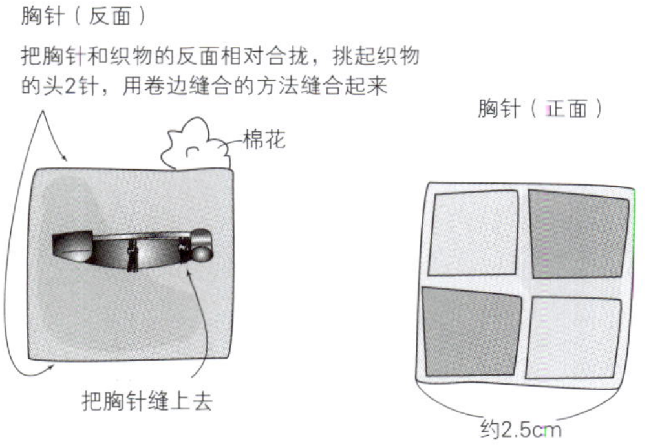

＊在全部缝合之前塞棉花

穿珠方法

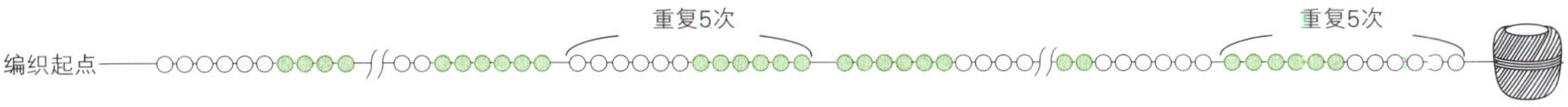

32 多彩圈圈发夹 ◎ …图片 p.54

●**材料工具**

线…DMC 8号珠光棉线

串珠…MIYUKI 古董珠

※ 串珠和线的详细情况参照表格

蕾丝钩针…4号

其他…发卡、束发用橡皮圈、条状顶夹、棉花、双面胶

●**成品尺寸**

约 2.5cm×2.5cm（主体）

●**钩织要领**

分别在线上穿好所需数目的串珠。用线头做绕线圈环起针，钩织正面织物时，参照编织图织入串珠，从前1圈外侧半针内挑线入针，钩织短针的条纹针。钩织完第1～3圈，第4、5圈另线钩织。因为串珠织在织片的反面，所以把织片的反面当作正面（正面织物）。背面织物不加串珠，钩织短针的条纹针。

拼合…把正面织物的反面与背面织物的反面相对合拢，塞入棉花后把周围缝合。参照拼合方法，把束发用橡皮圈、发卡或者条状顶夹缝在织物的反面。

拼合方法

＊在全部缝合之前塞棉花

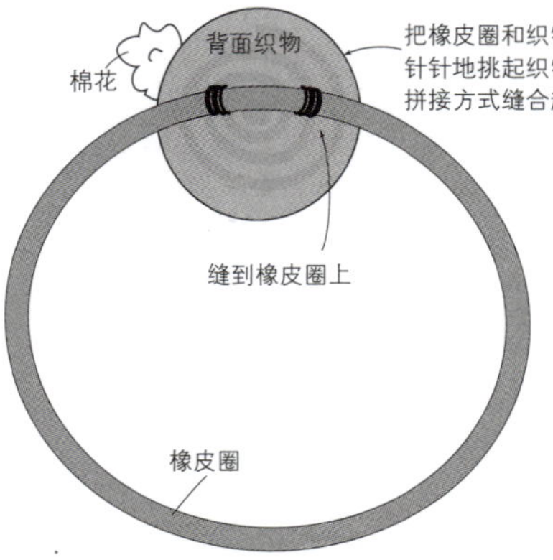

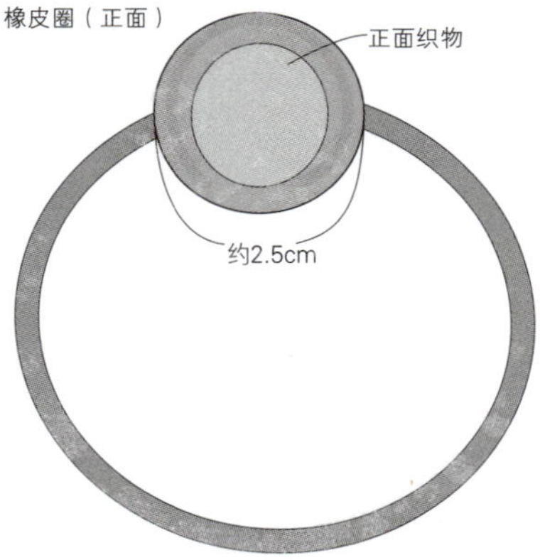

正面织物的配色

＊反面织物用与正面织物的第4~5圈相同的线进行钩织

		1~3圈		4~5圈	
		■ 8号珠光棉线 各少许	古董珠○40颗	□ 8号珠光棉线 各少许	古董珠● 72颗
发卡		明黄色（743）	黄色（DB-1582）	蔷薇粉色（3687）	蔷薇粉色（DB-1808）
橡皮圈		橙色（741）	橙色（DB-1777）	橄榄绿色（3347）	浅绿色（DB-754）
顶夹	a	亮青绿色（993）	水绿色（DB-1767）	茶色（898）	茶色（DB-764）
	b	群青色（930）	紫色（DB-1754）	黄绿色（704）	黄绿色（DB-1206）
	c	银白色（822）	灰色（DB-680）	明黄色（743）	黄色（DB-1582）

花片

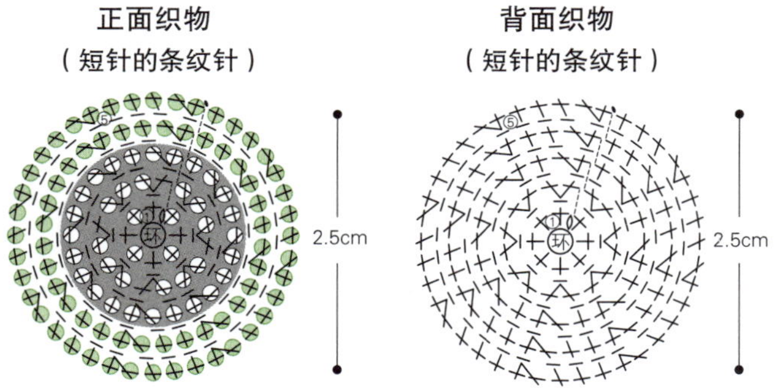

圈数	针数
5圈	40针
4圈	32针
3圈	24针
2圈	16针
1圈	8针

（+8针）

※第1、2圈依照图少织8颗串珠

○ ● ＝织入串珠的位置

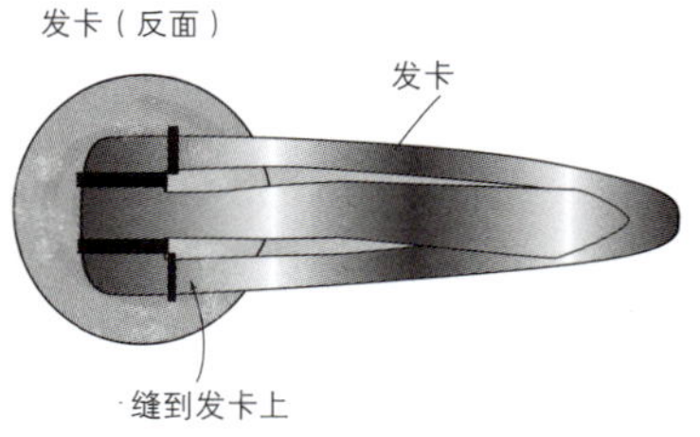

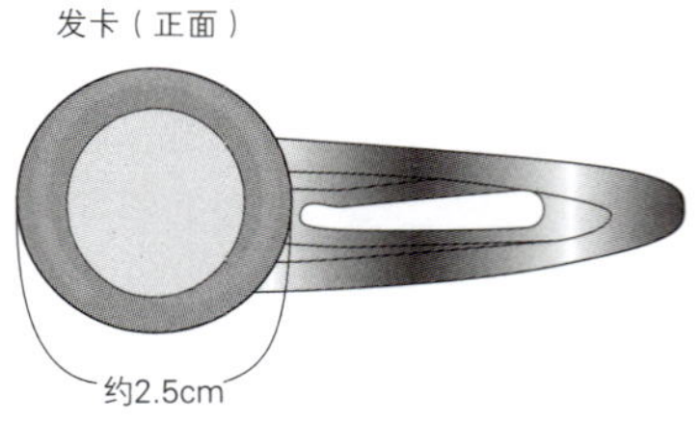

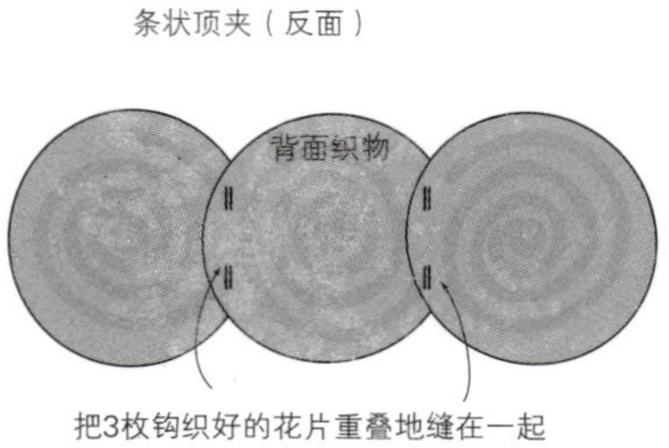

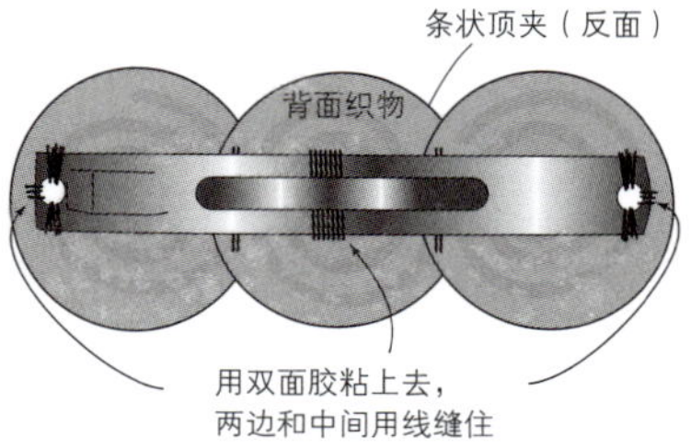

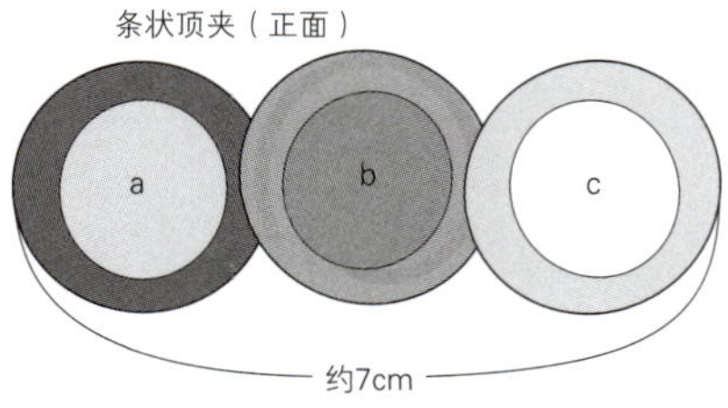

33 雪花别针 ···图片 p.55

●**材料工具**

线···DMC 10 号 Cébélia 线

串珠···MIYUKI 古董珠 M

※ 串珠和线的详细情况参照表格

蕾丝钩针···4 号

其他···别针、棉花

●**成品尺寸**

直径约 3cm（花样）

●**钩织要领**

在线上穿好所需数目的串珠。钩织正面织物的时候，参照编织图织入串珠，从前 1 圈外侧半针内挑线入针，钩织短针的条纹针。因为串珠织在织物的反面，所以把织物的反面当作正面（正面织物）。背面织物不加串珠，钩织短针的条纹针。

拼合···把正面织物的反面与背面织物的反面相对合拢，塞入棉花后把周围缝合。参照拼合方法，把别针缝在织物的反面。

	a	b
10号Cébélia 线 各少许	驼色（739）	绀色（823）
古董珠M ●各1g，48颗	淡蓝色（DBM-44）	白色无光泽（DBM-351）

拼合方法

把别针和织物的反面相对合拢，一针针地挑起织物外侧的半针，用引拔拼接方式缝合起来

（反面）

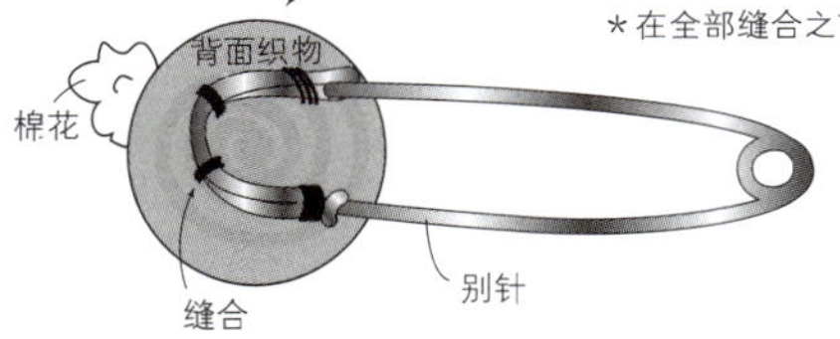

＊在全部缝合之前塞入棉花

（正面）

a

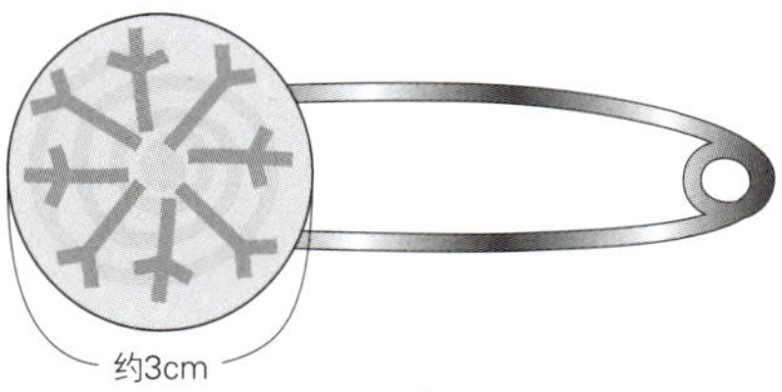

b

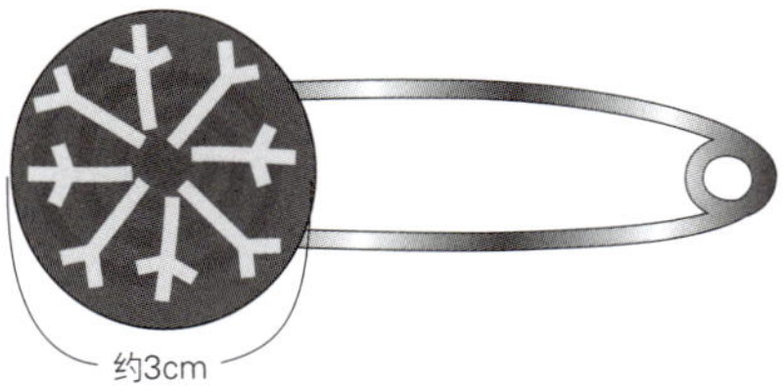

花片

＊ 钩织紧凑时织出来的花样较为漂亮

正面织物
（短针的条纹针）

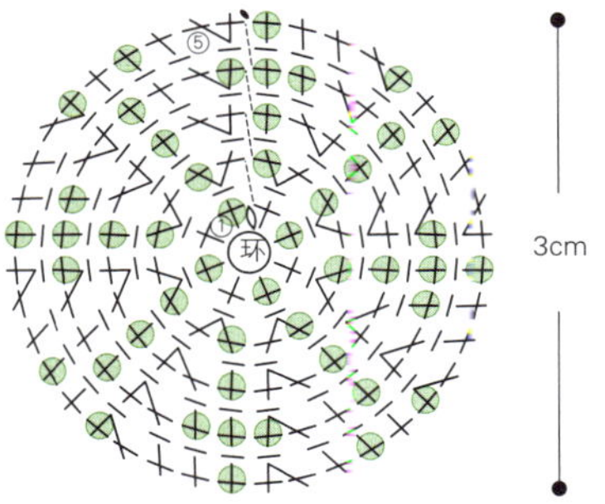

● ＝织入串珠的位置

圈数	针数
5圈	40针
4圈	32针
3圈	24针
2圈	16针
1圈	8针

（＋8针）

背面织物
（短针的条纹针）

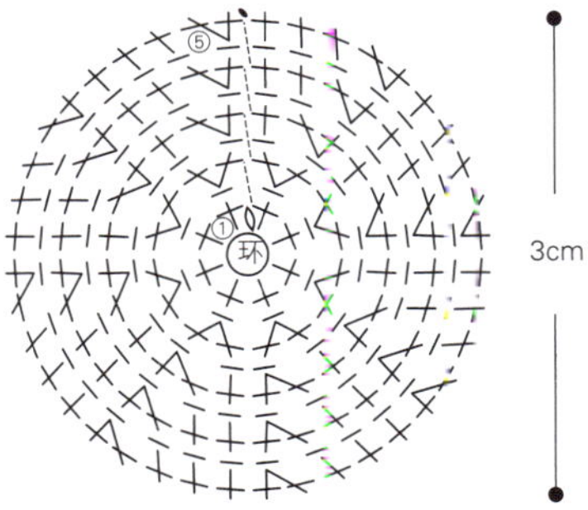

34 发圈 …图片 p.56

● **材料工具**

线…DMC 8 号珠光棉线　茶色（898）各 3g
串珠…MIYUKI 小圆珠、浆果珠、水滴珠 3.3mm×5.5mm
※ 串珠详细情况参照表格
蕾丝钩针…4 号
钩针…3/0 号
其他…束发用橡皮圈

● **成品尺寸**

直径 7~7.5cm

● **钩织要领**

参照 p.57 的制作流程。把 2 股线当作 1 根使用，使用 3/0 号钩针钩织引拔针，把线钩织到橡皮圈上。钩织结束后用针把线穿到起始针目内连接起来，两个线头一起打结并藏进针目中。在线上分别穿好所需数目的串珠。换成 4 号蕾丝钩针，按照图示的方法在钩织好的引拔针上入针，钩织锁针并加入串珠。

在橡皮圈上钩织引拔针

「参照p.57」

2股珠光棉线当作1根　3/0号针

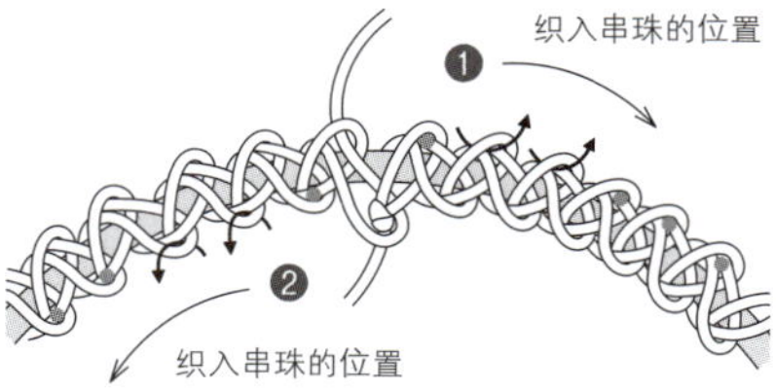

把橡皮圈夹在中间钩织引拔针
靠近自己的一侧钩织1针、外侧钩织1针，作为一组，一圈钩织80组

绚丽	浆果珠 紫色（BB-2441 H6390）9g，80颗　○小圆珠 金色（#4202 H6422）8g，800颗
法式	小圆珠 ● 蓝色（#149 H5013）　● 红色（#304 H5673）　○ 水晶色（#1 H1）各3g，240颗
浆果	○ 小圆珠 青绿色（#229 H5440）2g,140颗 水滴珠 金属紫色（DP-12 H5214）3g,40颗　幻彩紫色（DP-256 H5218）2g，20颗 幻彩红色（DP-254 H89）3g，40颗　粉色（DP-140FR H5223）3g,40颗

绚丽　**穿珠方法**

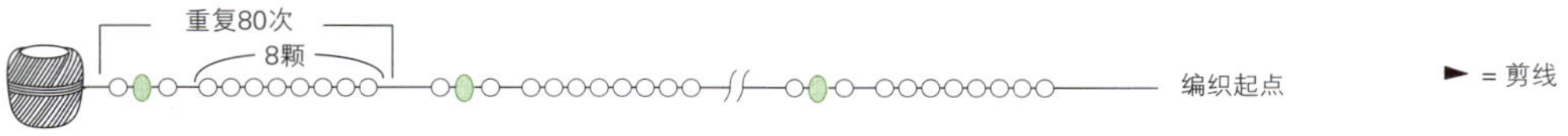

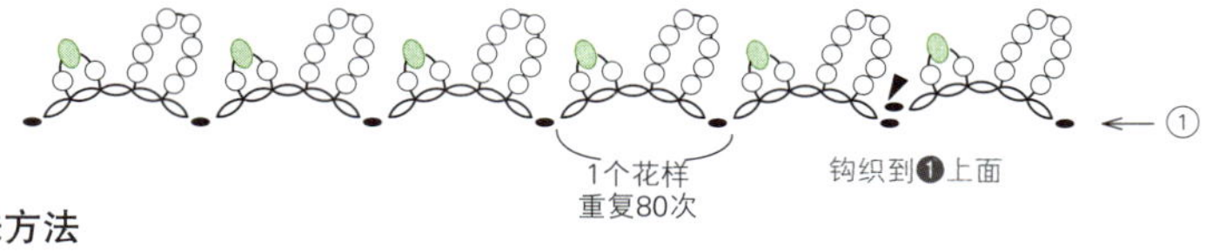

法式　**穿珠方法**

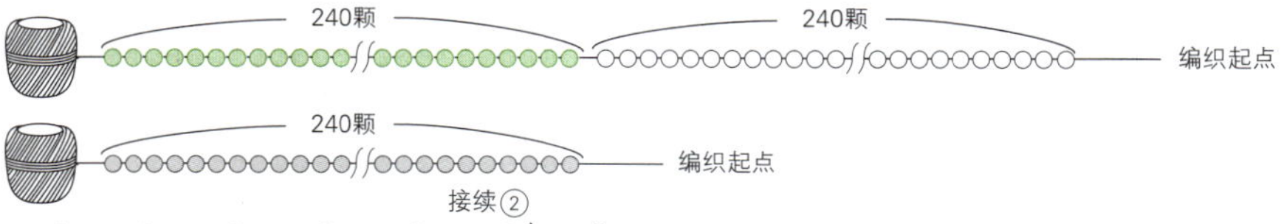

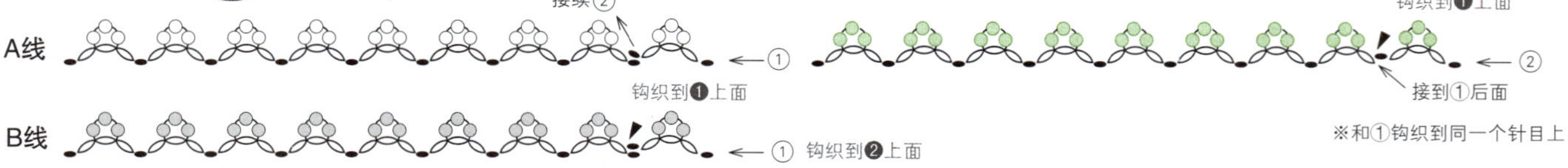

浆果　**穿珠方法**

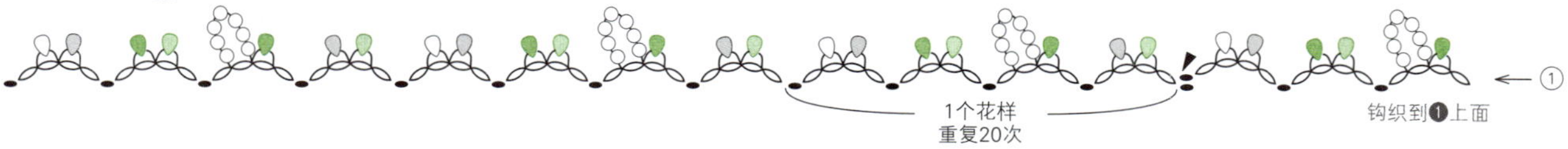

35 边夹发卡 …图片 p.56

●材料工具

线…DMC 20 号 BABYLO 线 茶色（433）各 1g

串珠…MIYUKI 古董珠 M

※ 详细情况参照表格

蕾丝钩针…4 号

其他…发卡

●成品尺寸

约 5.5cm

●钩织要领

在线上按指定顺序穿好所需数目的串珠。钩织 18 针锁针起针，正面织物按照编织图在指定位置织入串珠，从前 1 圈外侧半针内挑线入针，钩织短针的条纹针。因为串珠织在织物的反面，所以把织物的反面当作正面（正面织物）。背面织物不加串珠，钩织短针的条纹针，在图上所标位置制作小孔。拼合…把正面织物的反面与背面织物的反面相对合拢，边夹发卡的卡子部分从孔内穿出来，然后把周围缝合。

正面织物

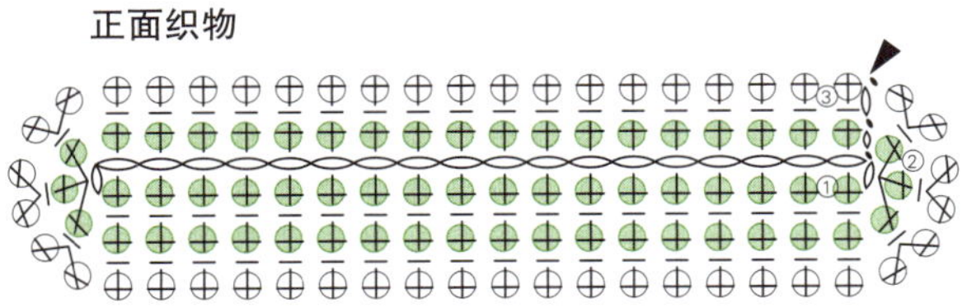

● ○ ＝织入串珠的位置

背面织物

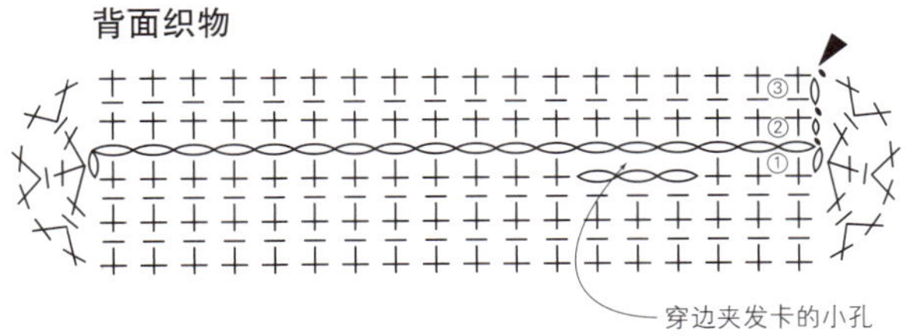

► ＝剪线

拼合

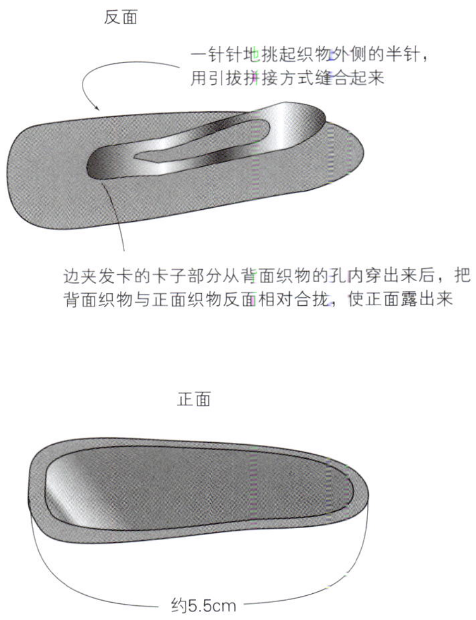

穿珠方法

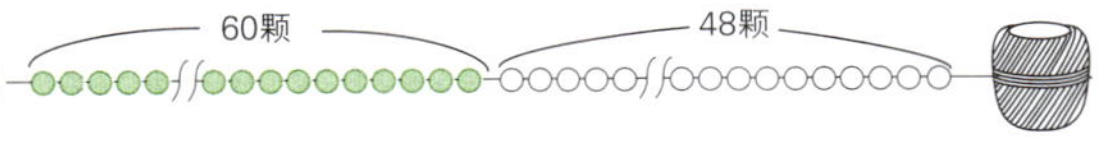

＊ 包裹发卡的时候，拉伸正面织物和背面织物，合拢在一起。
使用比所标尺寸稍大一点的串珠较好。

古董珠M	粉色+绿色	紫色+蓝色	绿色+黄色
1、2圈●1g，60颗	浅粉色（DBM-902）	紫色灌银（DBM-1204）	绿色无光泽（DBM-877）
3圈○1g，48颗	黄绿色无光泽（DBM-860）	淡蓝色（DBM-44）	黄色无光泽（DBM-854）

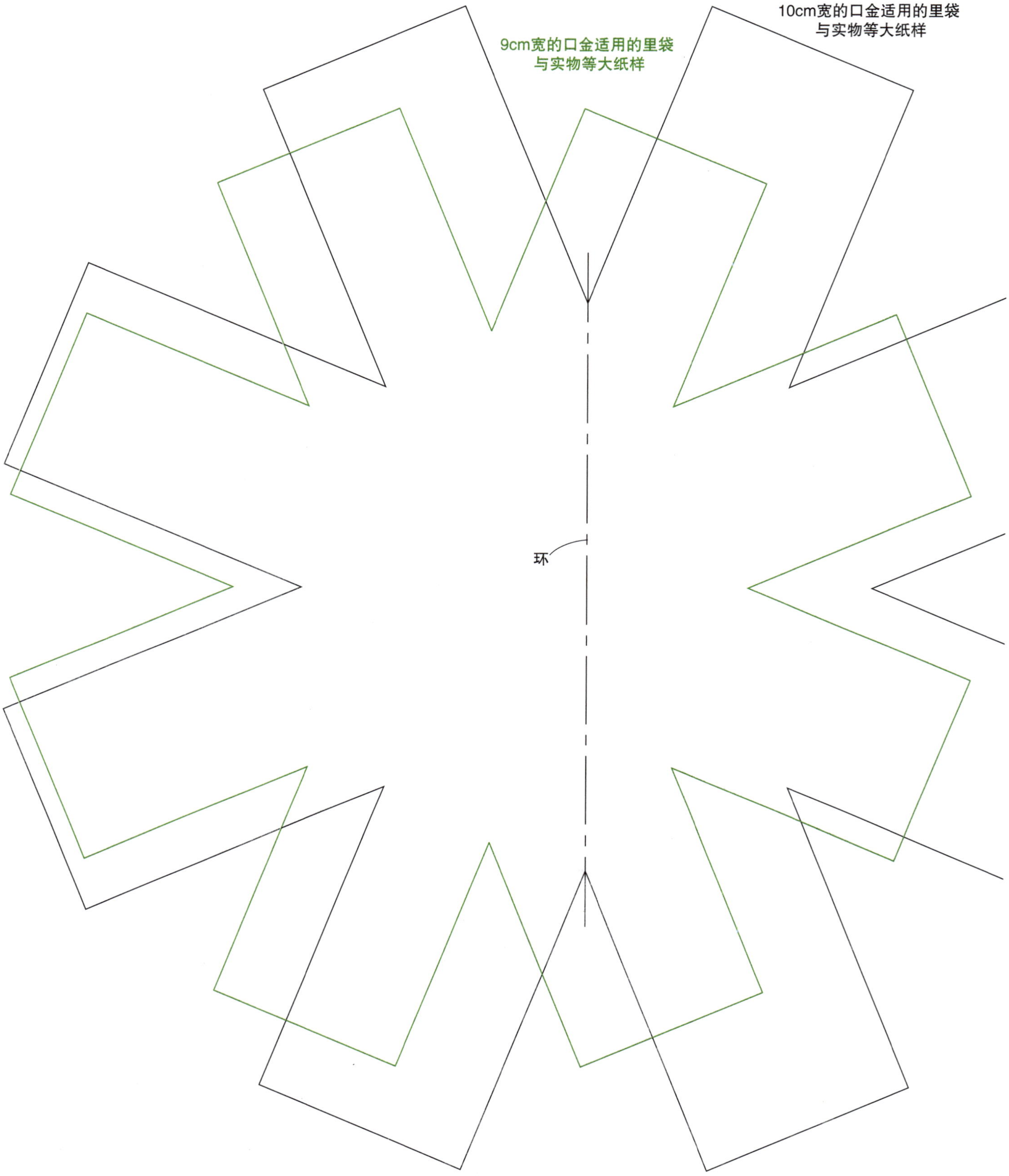
9cm宽的口金适用的里袋
与实物等大纸样
10cm宽的口金适用的里袋
与实物等大纸样
环

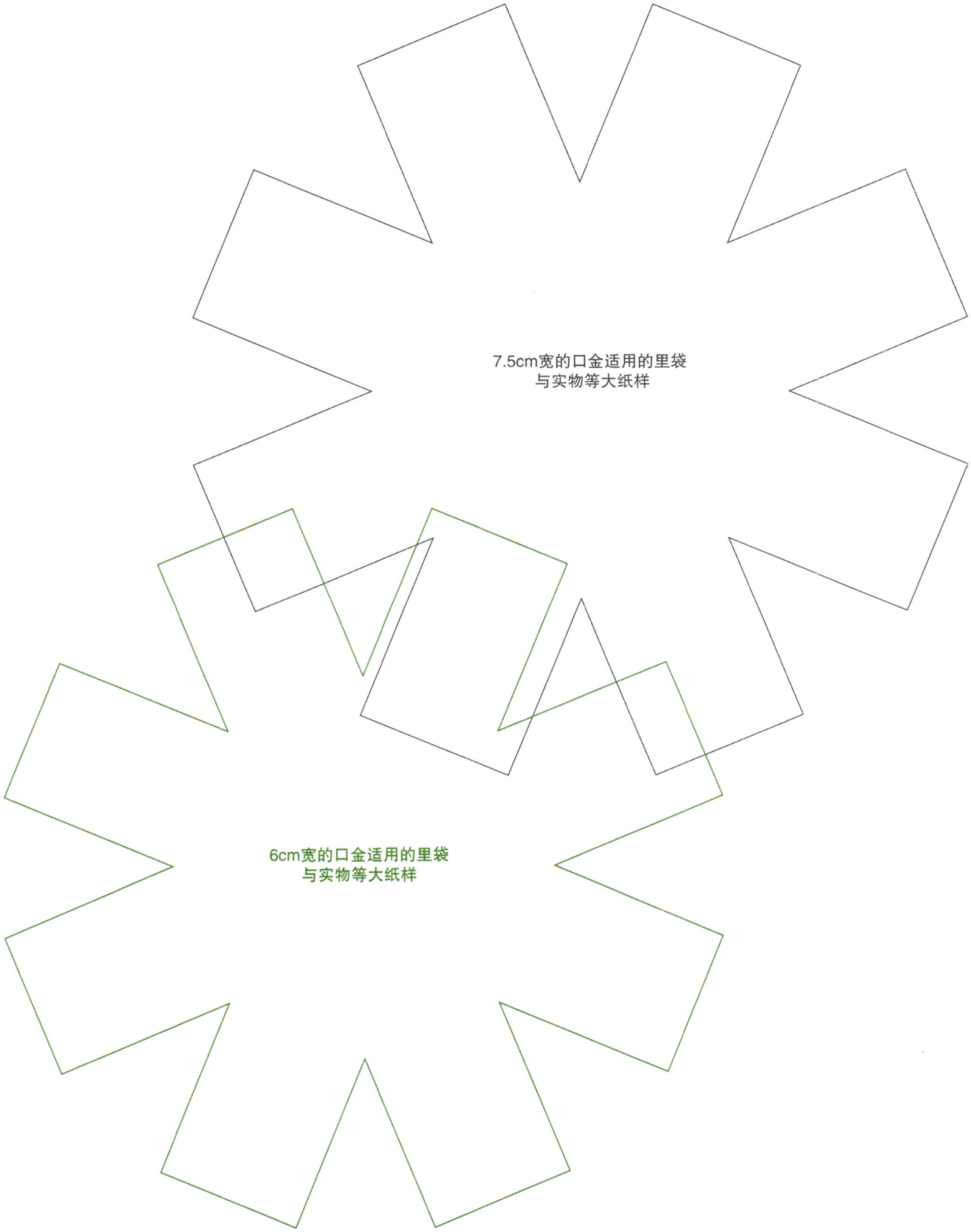
7.5cm宽的口金适用的里袋
与实物等大纸样
6cm宽的口金适用的里袋
与实物等大纸样

钩针编织的符号与方法

起针

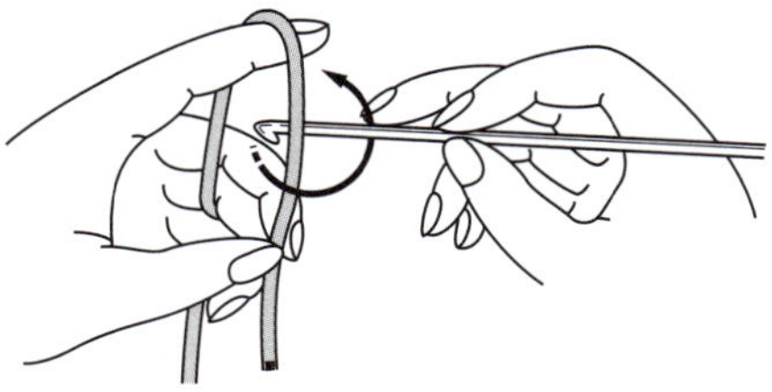

1. 把钩针放在线的后面，按箭头所示方向绕一圈。

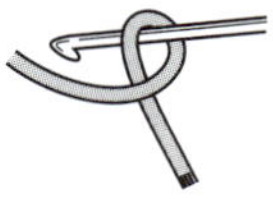

2. 把线绕在钩针上。

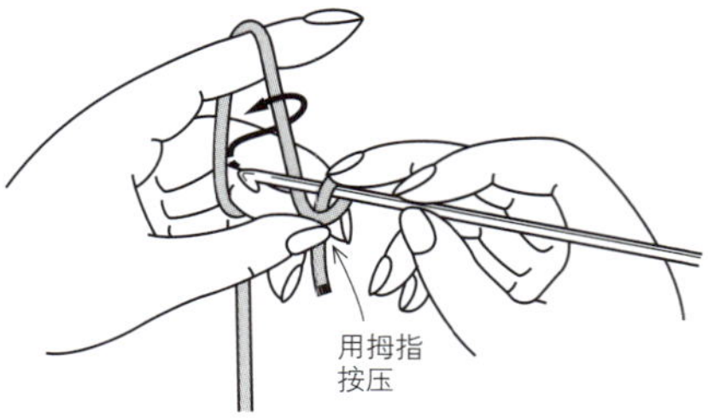

3. 按箭头所示方向转动钩针，钩住线。

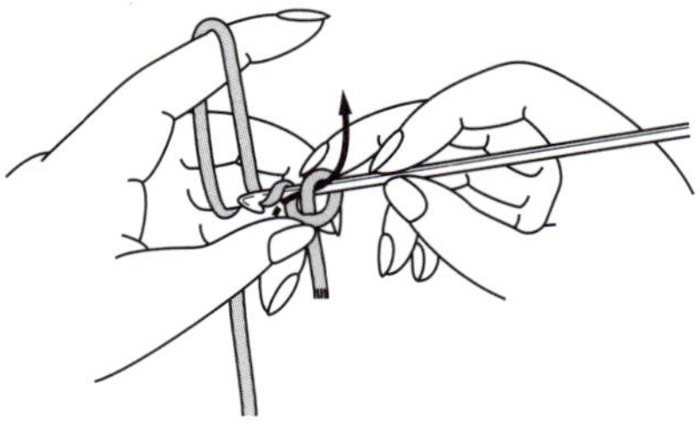

4. 把线拉出。

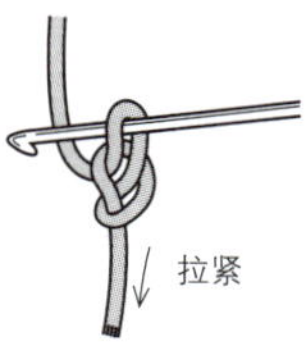

5. 拉紧线头。

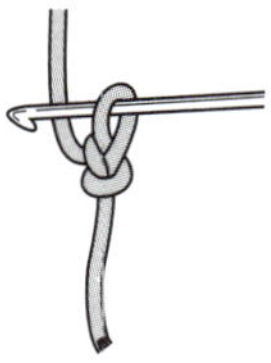

6. 完成最初的 1 针。这 1 针不计入起针的针数。

锁针

1. 按箭头所示方向转动钩针，把线绕在钩针上。

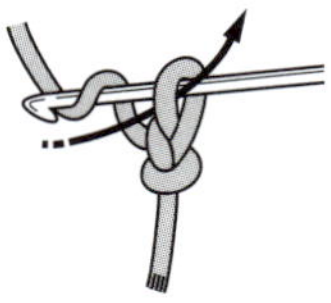

2. 从挂在钩针上的线圈中拉出线，完成第 1 针锁针。

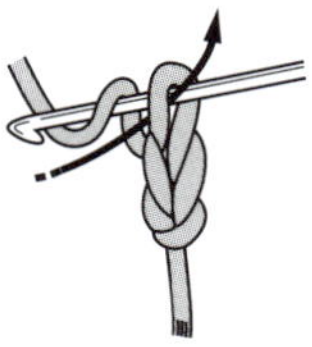

3. 按照同样的方法绕线、拉出。

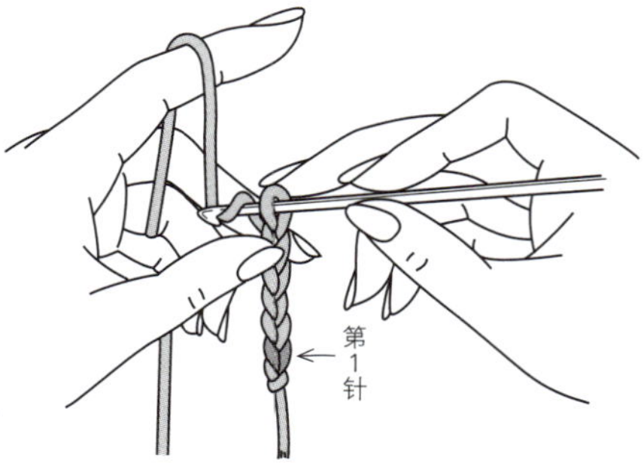

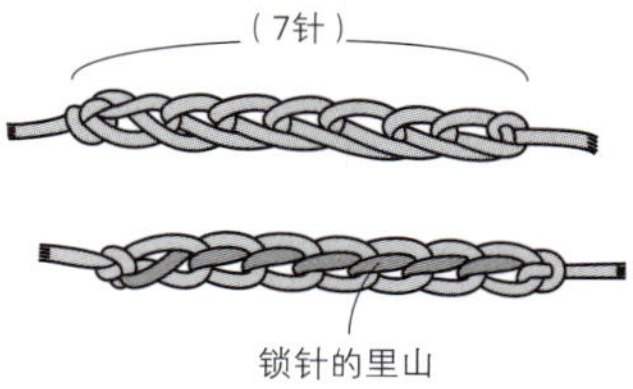

起针的挑针方法

挑起里山

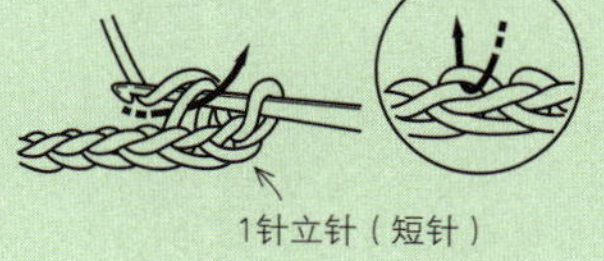

挑起半针和里山

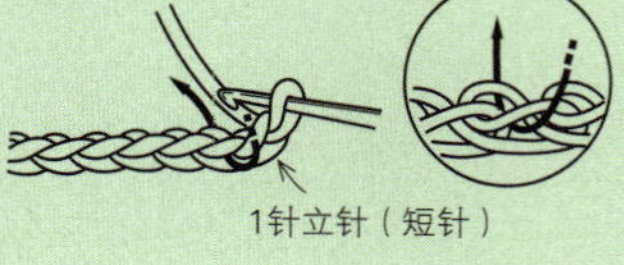

用线头做环形起针

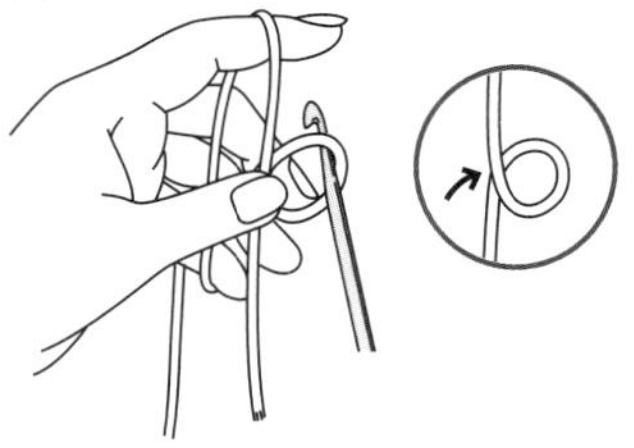

1. 把线头绕一个圈，用拇指和中指捏住。

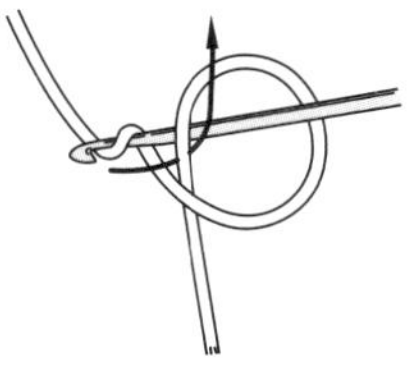

2. 钩针从圈内插入，绕线并拉出。

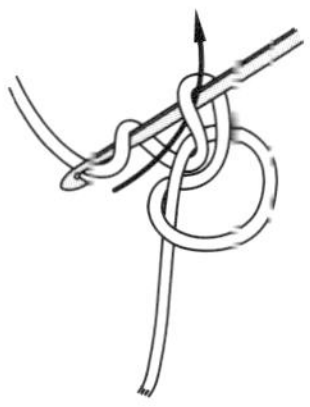

3. 环形的起始针完成。按照同样的方法再一次钩住线，把线从挂在钩针上的线圈中拉出。

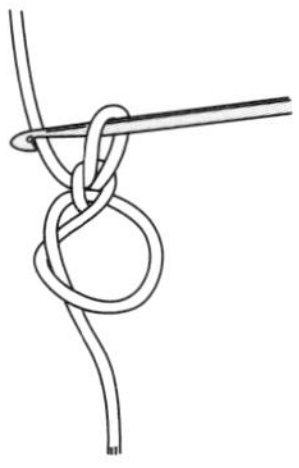

4. 拉紧线头，形成最初的锁针。这 1 针不计入针数。

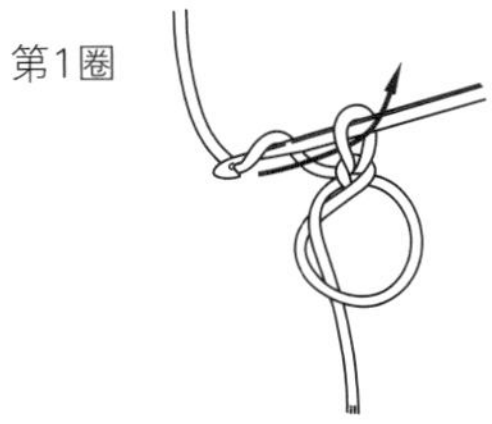

5. 把线绕在钩针上并拉出，完成 1 针锁针，这 1 针锁针作为短针的立针。

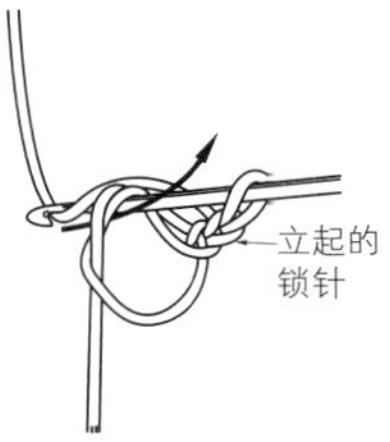

6. 把钩针插入圈内，按箭头所示方向把线拉出。

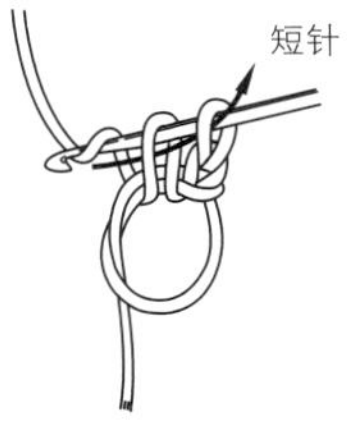

7. 按图所示把线绕在钩针上并一次性拉出，完成 1 针短针。重复步骤 6、7，钩织完所需针数。

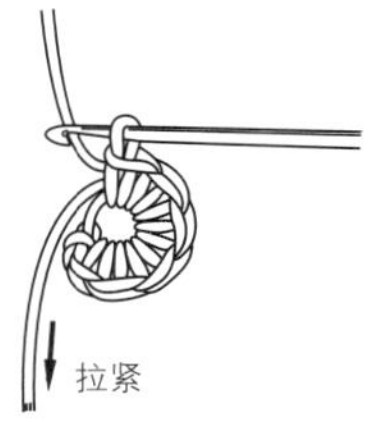

8. 第 1 圈的短针钩织完后，把线头拉紧，形成中心的环。

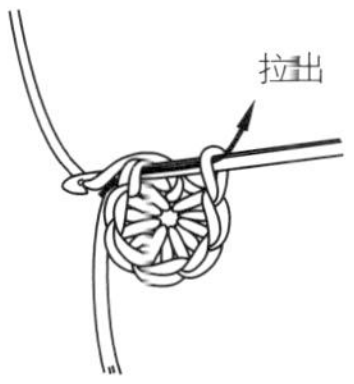

9. 把钩针插入第 1 针短针的两根线内，连同钩织线一起把线绕在钩针上，并引拔出线。

用锁针做环形起针

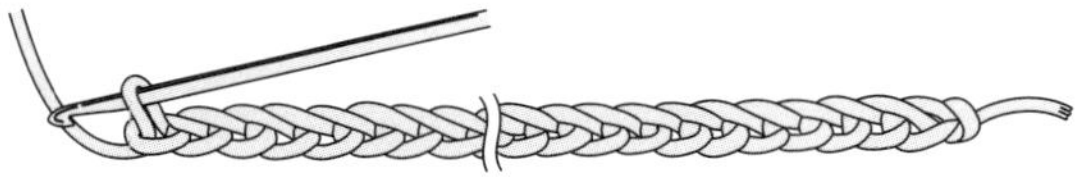

1. 钩织出所需针数的锁针。

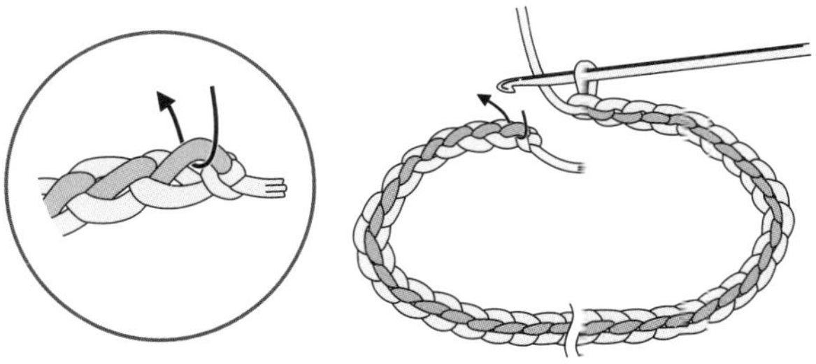

2. 钩针从最初 1 针锁针的里山内插入，形成环形。这个时候要注意不要让钩织好的锁针扭曲。

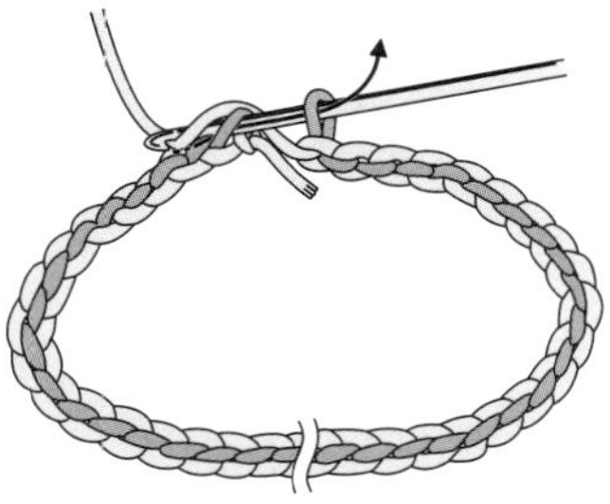

3. 把线绕在钩针上并拉出。

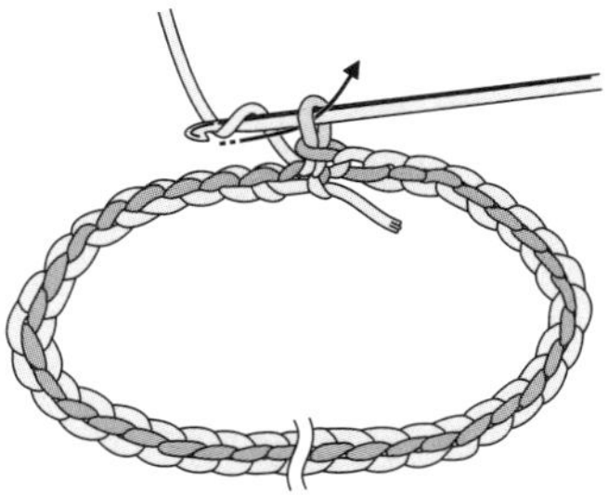

4. 钩织出 1 针锁针，这 1 针锁针作为立针。

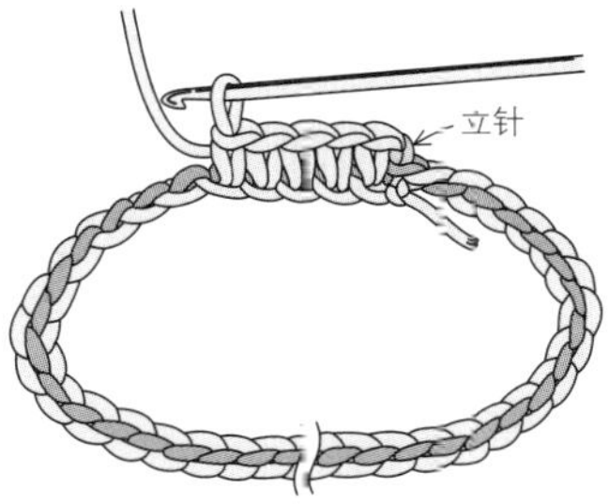

5. 挑起里山的线圈，钩织短针，重复此方法钩织下去。

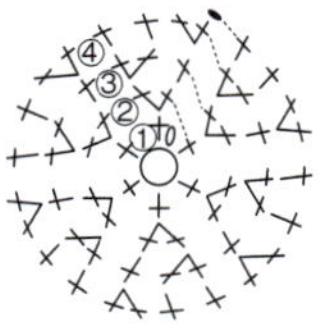

短针钩织

不钩织立起的锁针，直接一圈圈地钩织下去。由于难以分辨圈与圈分界的地方，所以在钩织的过程中要用记号线做标记。

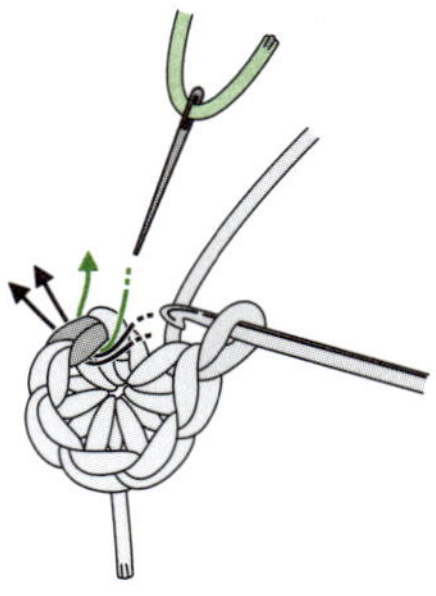

1. 先按所需针数钩织 1 圈，在起始的短针处用记号线做标记。

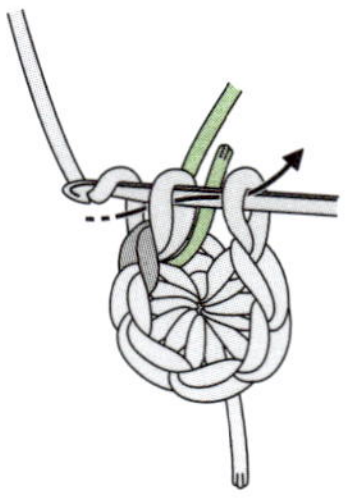

2. 在第 1 圈的第 1 针短针上钩织 2 针短针，这个时候要注意包裹着线头钩织。接下来在第 1 圈的每 1 针短针上均织入 2 针短针。

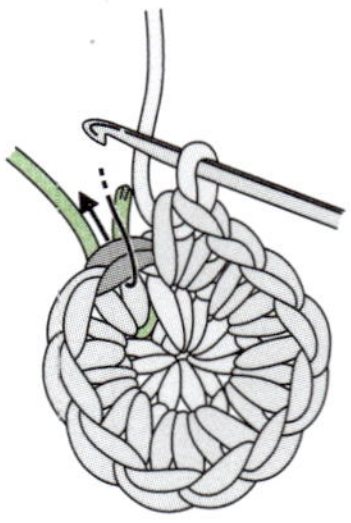

3. 第 2 圈完成。从图中箭头所示的针目处插入钩针，钩织第 3 圈的第 1 针。

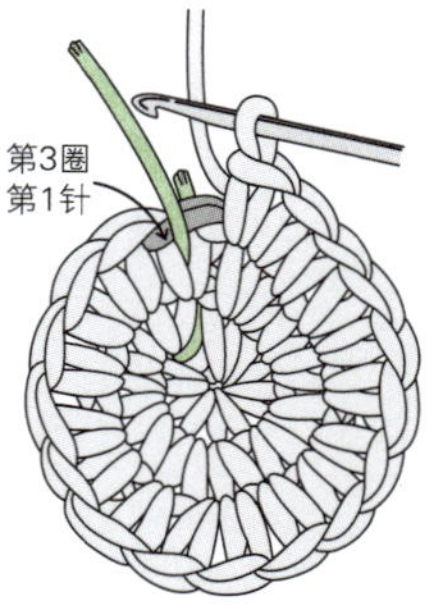

4. 把记号线从后面移到前面，在上一圈的针目内依次按照“2 针，1 针”的织法（隔 1 针加 1 针）反复钩织下去，完成第 3 圈。

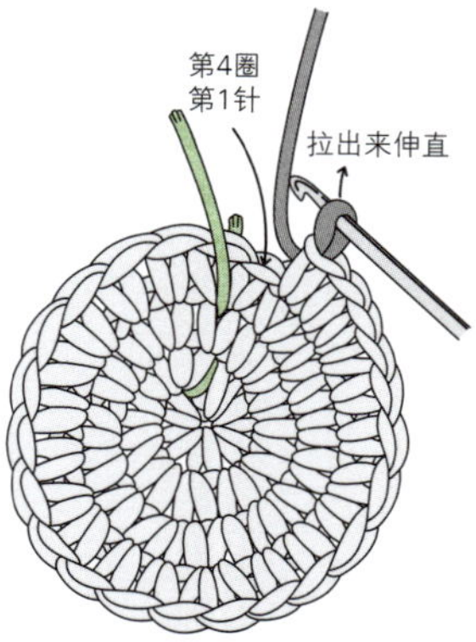

5. 一直钩织到第 4 圈。把挂在钩针上的线圈拉出来伸直。

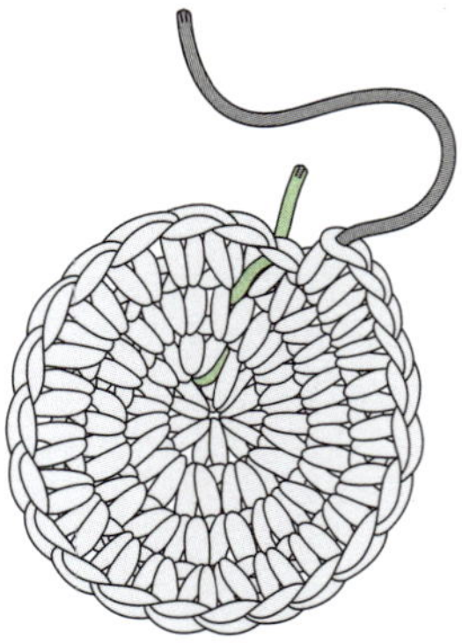

6. 拉出来的线留 7~8cm 的线头。

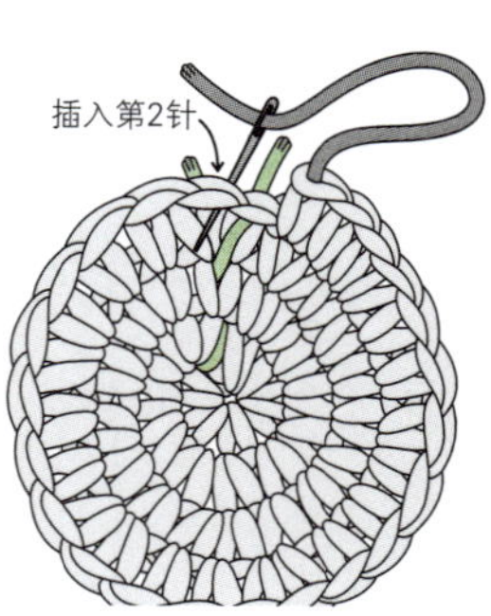

7. 把线头穿进手缝针的针眼里，然后从后往前把手缝针插入第 2 针。

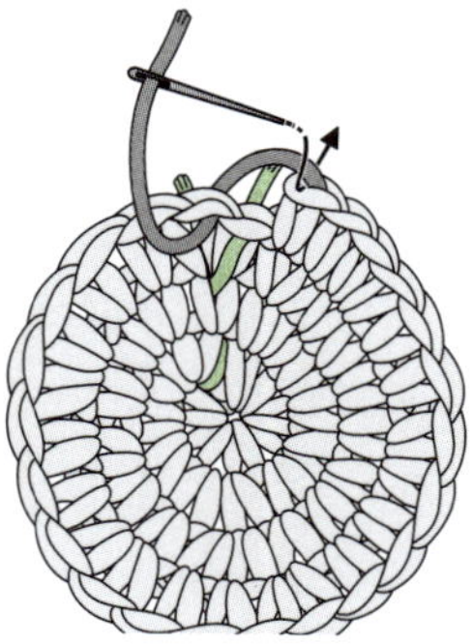

8. 从最后 1 针的中心处插针、拉线。

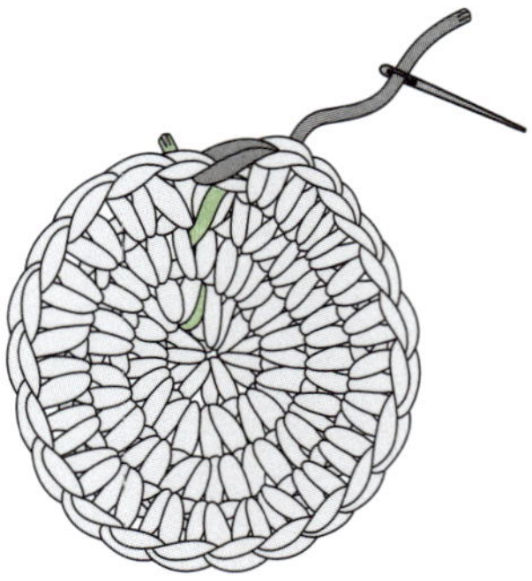

9. 拉紧线，拉出大约 1 针锁针的长度，这样，就完成了最后 1 圈。

引拔针

●

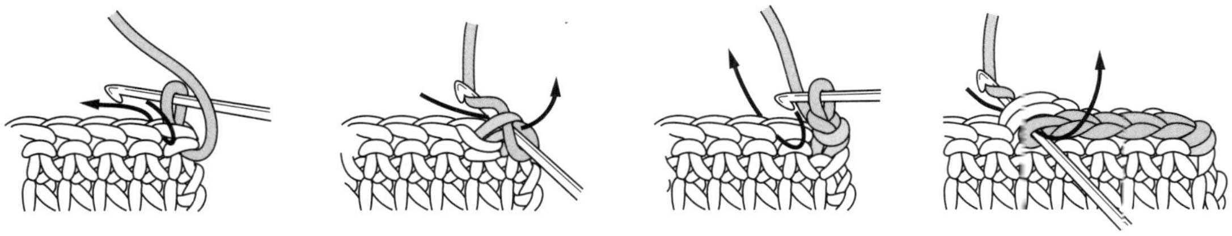

1. 按箭头所示从前 1 行的针目内插入钩针。
2. 把线绕在钩针上，并从线圈内引拔出线。
3. 完成 1 针引拔针。再按箭头所示在下一个针目内插入钩针。
4. 重复步骤 2、3，继续钩织引拔针。

短针

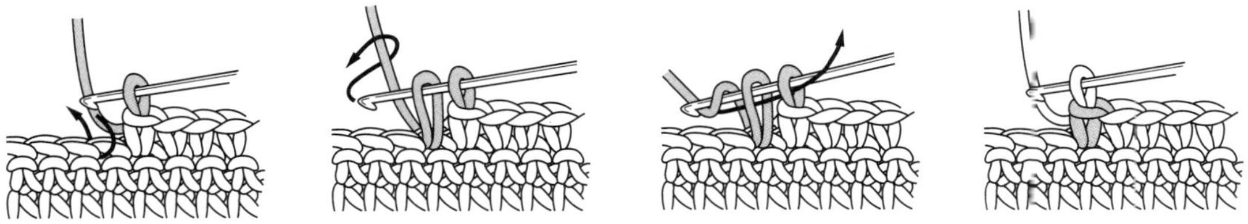

1. 按箭头所示在前 1 行的针目内插入钩针。
2. 拉出线，再按箭头所示方向把线绕在钩针上。
3. 按箭头所示从挂在钩针上的 2 个线圈内一次性引拔出线。
4. 完成 1 针短针。

中长针

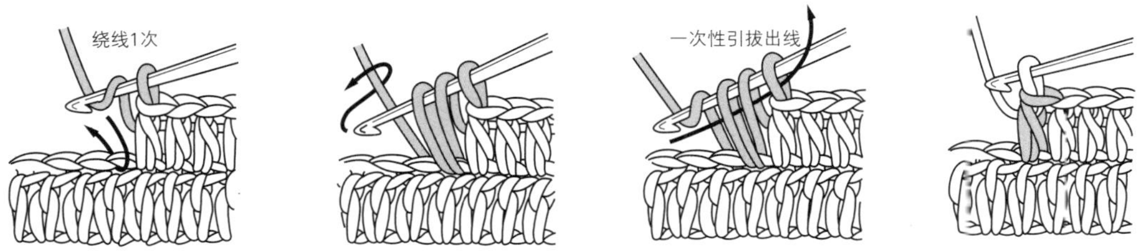

1. 把线绕在钩针上，按箭头所示在前 1 行的针目内插入钩针。
2. 拉出线，按箭头所示再次把线绕在钩针上。
3. 从挂在钩针上的 3 个线圈内一次性引拔出线。
4. 完成 1 针中长针。

长针

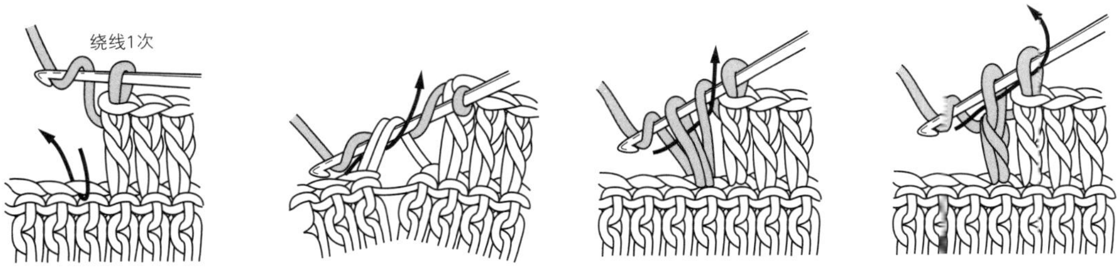

1. 把线绕在钩针上，按箭头所示在前 1 行的针目内插入钩针。
2. 拉出线。
3. 从挂在钩针上的 2 个线圈内一次性引拔出线。
4. 再次从挂在钩针上的 2 个线圈内一次性引拔出线，完成 1 针长针。

短针的条纹针

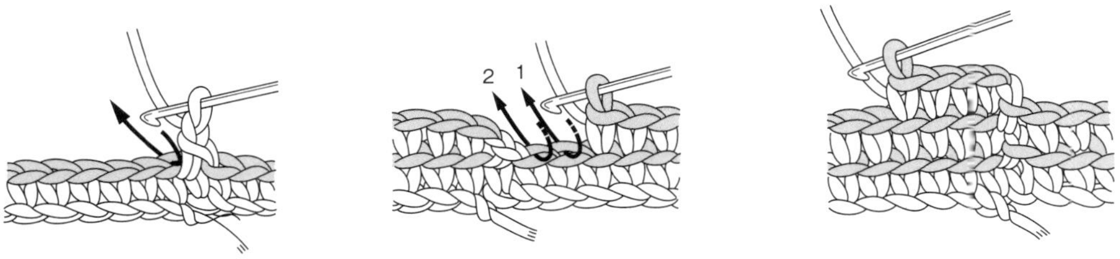

1. 从前一圈外侧的半个针目内插入钩针，钩织短针。
2. 按图中箭头所示插入钩针，一直钩织到这一圈的最后。
3. 通常都是对外侧的半个针目挑线入针进行钩织。在织片的正面每圈都呈现条纹状。

1针放2针短针

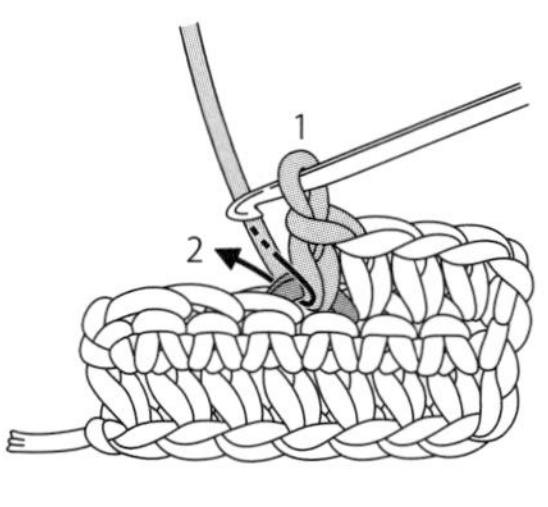

1. 从前1行的针目内入针，钩织1针短针。

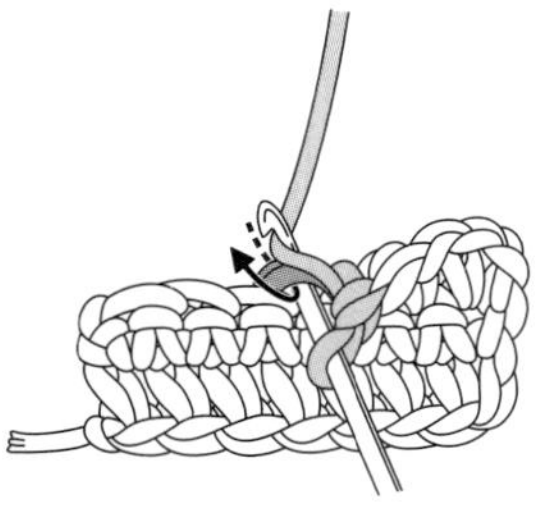

2. 在步骤1的同一针目内插入钩针，把线拉出。

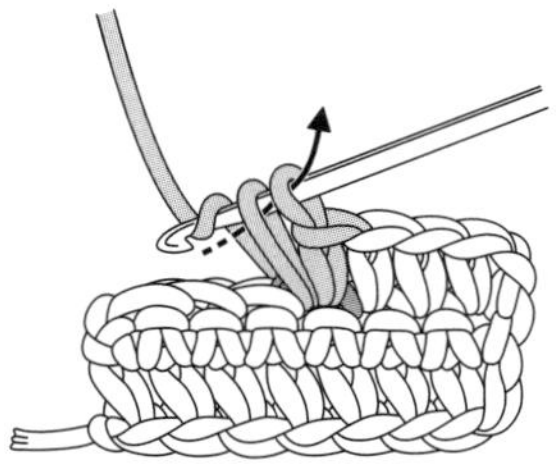

3. 把线绕在钩针上，从挂在钩针上的2个线圈内一次性引拔出线。

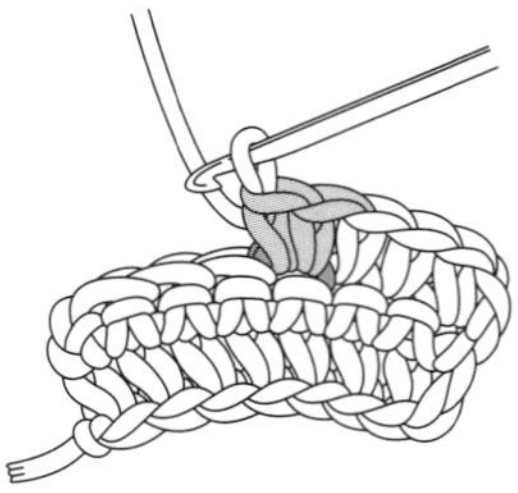

4. 钩织完1针放2针短针。

1针放2针长针

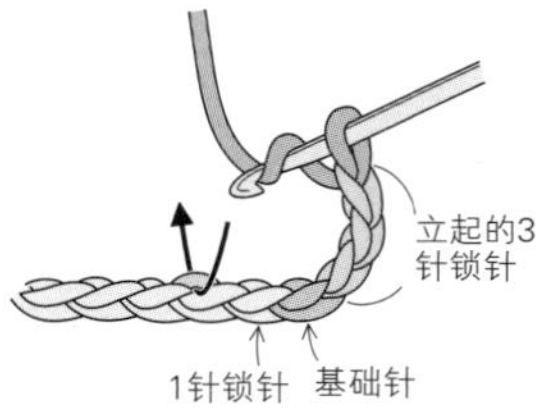

1. 把线绕在钩针上，从锁针的里山内插入，钩织1针长针。

2. 把线绕在钩针上，插入与步骤1相同的针目内，把线拉出。

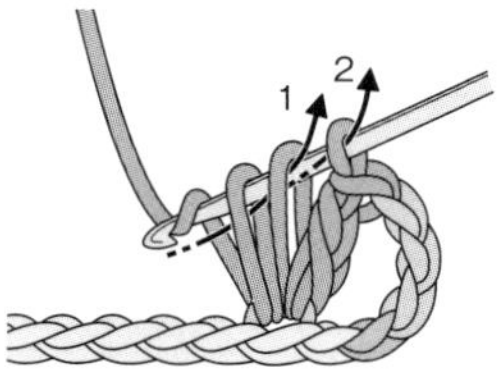

3. 先按箭头1、2所示，分别两次从挂在钩针上的2个线圈内引拔出线，钩织长针。

4. 钩织完1针放2针长针。

引拔拼接

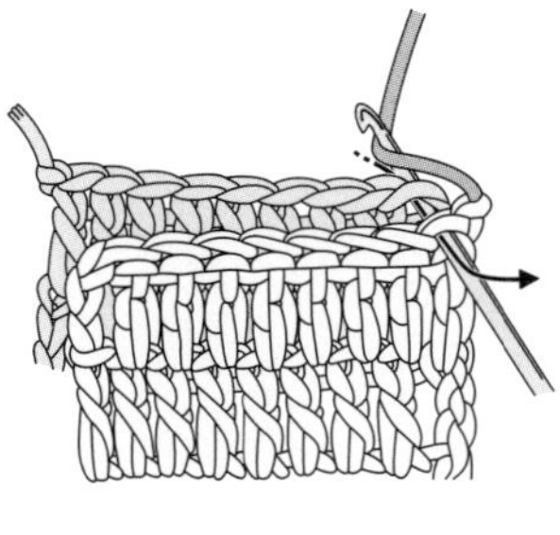

1. 把2块织片合在一起，把针插入2块织片中，把其中1块织片收针处的线头拉出来。

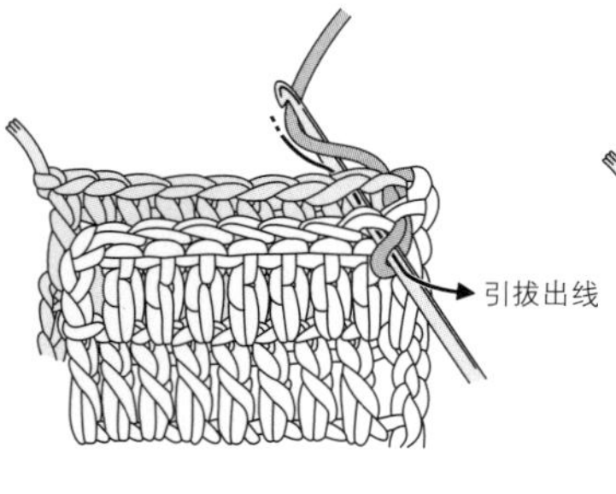

2. 把针插入2块织片中，把线绕在钩针上并拉出。

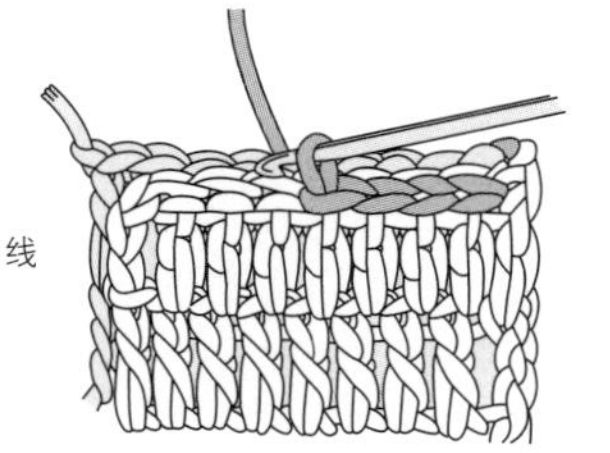

3. 在收针处每隔1针插入钩针，引拔出线。

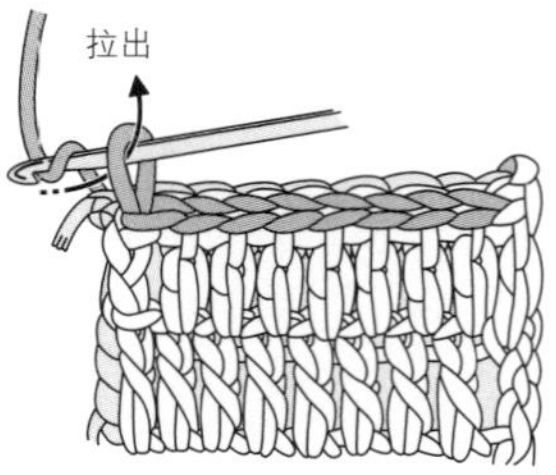

4. 最后再一次把线绕在钩针上，并引拔出线，拉紧。

卷针缝合

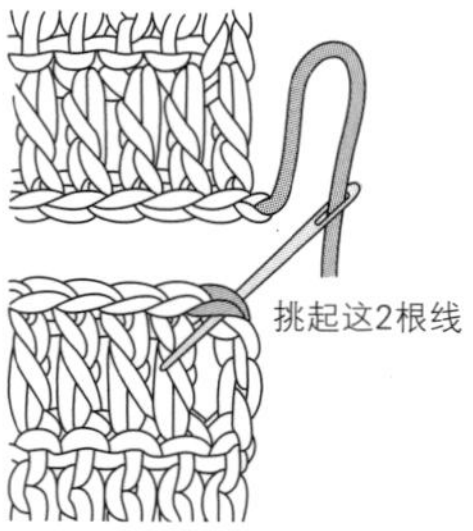

1. 把2块织片正面相对合拢，如图所示用手缝针挑起织片上端的头2根线。

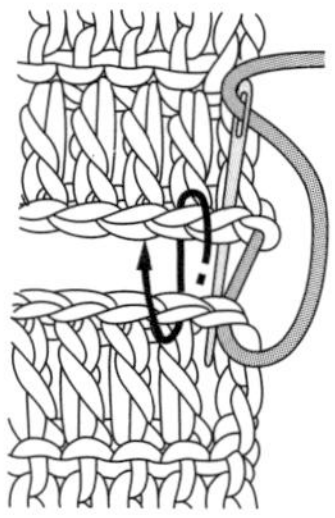

2. 手缝针从后往前依次穿过每个针目。

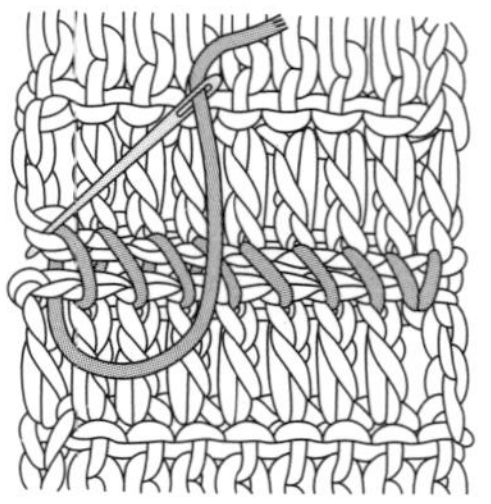

3. 最后将针穿过同一个针目。

◆ 串珠钩织

锁针

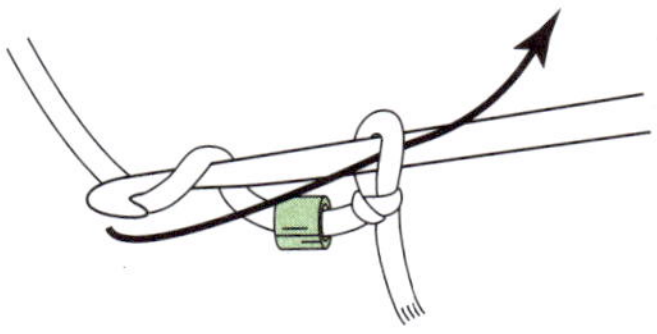

1. 先把串珠拨过来，把线绕在钩针上并拉出。

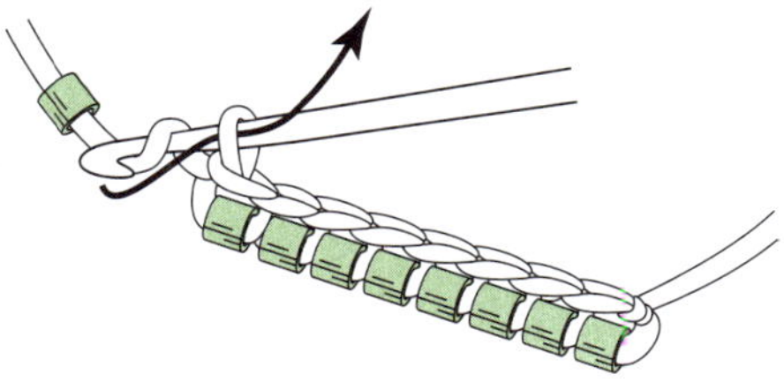

2. 串珠织在了锁针的里山上。

短针

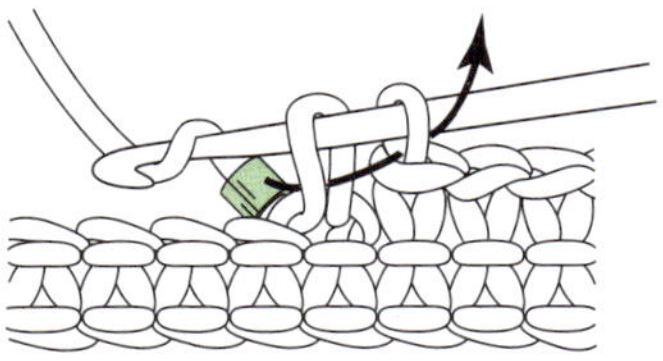

1. 从上一行针目内拉出线后，把串珠拨过来，把线绕在钩针上并引拔出线。

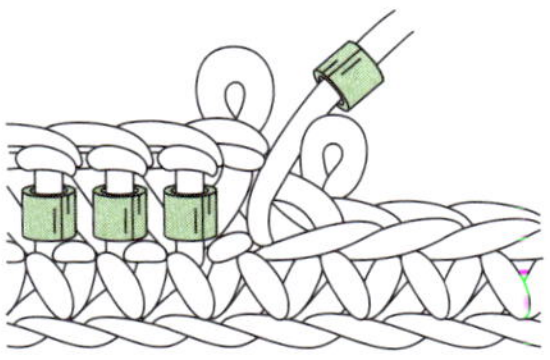

2. 串珠织在了织片的反面。

长针（1 颗串珠）

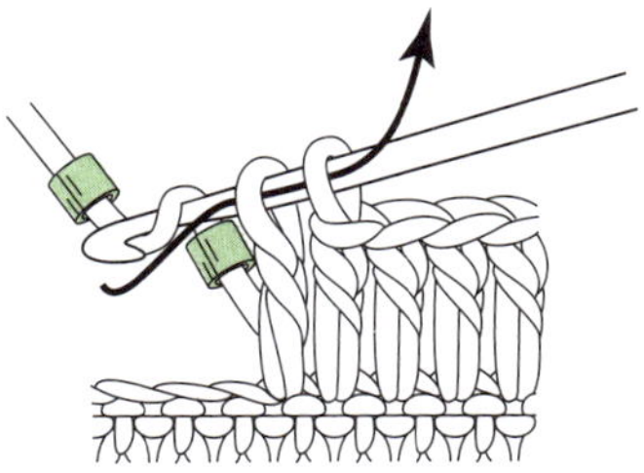

1. 把线绕在钩针插入上一行的针目，把线拉出，再次把线绕在钩针上，如图所示，一次从 2 个线圈中引拔出线，然后把串珠拨过来。再次把线绕在钩针上,如图所示,一次从 2 个线圈中引拔出线。

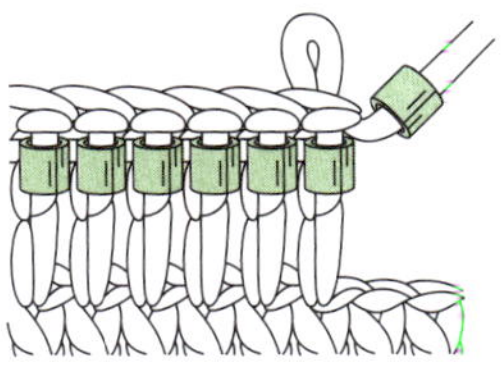

2. 串珠织在了织片的反面。

长针（2 颗串珠）

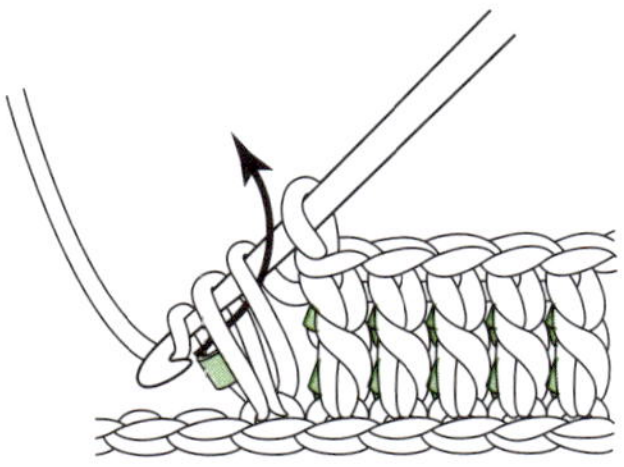

1. 从上一行针目内拉出线后，把 1 颗串珠拨过来，把线绕在钩针上并从 2 个线圈中引拔出线。

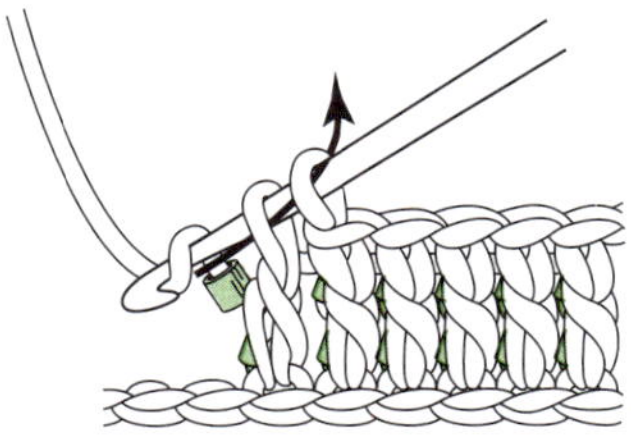

2. 再拨过来 1 颗串珠，把线绕在钩针上，从余下的 2 个线圈中引拔出线。

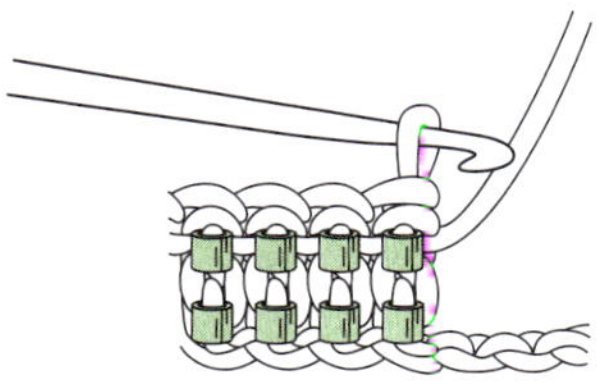

3. 2 颗串珠上下并列地织在了织片的反面。

图书在版编目（CIP）数据

短针环形钩织36款串珠口金包和小物件 /（日）松本薰著；陈新译.—郑州：河南科学技术出版社，2015.8

ISBN 978-7-5349-7882-1

Ⅰ.①短… Ⅱ.①松… ②陈… Ⅲ.①钩针－编织－图集 Ⅳ.①TS935.521-64

中国版本图书馆CIP数据核字（2015）第173090号

出版发行：河南科学技术出版社
地址：郑州市经五路66号　邮编：450002
电话：(0371) 65737028　65788613
网址：www.hnstp.cn
策划编辑：刘　欣
责任编辑：李　平
责任校对：张小玲
封面设计：张　伟
责任印制：张艳芳
印　　刷：北京盛通印刷股份有限公司
经　　销：全国新华书店
幅面尺寸：213 mm × 285 mm　印张：6　字数：150千字
版　　次：2015年8月第1版　2015年8月第1次印刷
定　　价：36.00元

如发现印、装质量问题，影响阅读，请与出版社联系并调换。